생 태 설 계

Ecological Design

Ecological Design
by
Sim Van der Ryn and Stuart Cowan

생태설계

Sim Van der Ryn · Stuart Cowan 저

황보철 · 장병관 역

普 文 堂

생태설계(Ecological Design)

2007년 3월 5일 초판1쇄 인쇄
2007년 3월 10일 초판1쇄 발행

지은이 | Sim van der Ryn, Stuart Cowan
엮은이 | 황보철, 장병관
발행인 | 김병계
발행처 | 도서출판 보문당
등록 | 1990년 6월 15일(제1-1066호)
주소 | 서울시 마포구 신수동 448-6 우)121-110
전화 | 704-7025/704-0635
팩스 | 704-2324
홈페이지 | http://www.bomoondang.co.kr
e-mail | bmdpub@naver.com

값 12,000원

ISBN 978-89-8413-128-6

*파본이나 잘못된 책은 교환하여 드립니다.

차 례

저자서문

만약 우리가 지속가능한 세상을 만들어야 한다면—모든 생물과 미래 세대의 요구를 책임질 수 있는 곳—우리는 현재의 우리의 농업, 건축, 엔지니어링, 기술의 형태가 매우 결함이 있다는 것을 인식해야 한다. 지속가능한 세상을 만들기 위하여, 우리는 이러한 실천적인 것을 바꾸어야 한다. 우리는 물건이나 건물, 경관의 설계에 풍부하고 상세한 생태학적 이해를 불어 넣어야 한다.

지속가능성은 설계의 가장 중요한 상세에 확고하게 자리 잡아야 한다. 정책들과 선언들은 그들의 위치가 있고, 그러나 궁극적으로 우리는 특정한 설계 문제들을 제기하여야 한다. 어떻게 우리는 우리의 물건들을 설계하고 공정들을 만들어서 물질들이 완전하게 순환하고 정화될 것인가? 우리는 어떻게 주변 생태계를 파괴하기보다 고양시킬 수 있는 하수처리체계를 만들 것인가? 우리는 어떻게 그들 자신의 에너지를 생산하고 그들 자신의 쓰레기를 재순환하는 건물들을 설계할 것인가? 우리는 어떻게 화석 연료나 비료, 살충제와 같은 물질에 의존하지 않는 농업체계를 만들 것인가?

이와 같은 설계의 문제들은 재래적 과학과 설계의 분야를 연결한다. 그것들은 산업 디자이너가 생물지구화학자와 대화하고, 하수정화 기술자가 습지 생물학자에게, 건축가가 물리학자에게, 농부가 생태학자에게 대화할 때 풀릴 수 있다. 생태학과 설계를 성공적으로 통합하기 위하여, 우리는 우리의 설계 인식론에서 자연의 깊숙한 상호연결을 반영시켜야만 한다. 우리는 아직도 낡아빠진 기계적 은유에 빠져있다. 이제 기계적 이미지의 설계를 멈추어야 할 때이고 생명 그 자체의 다양성과 복합성을 존중하는 방법으로 설계를 시작하여야 할 때이다.

이 책은 생태설계에 관한 것으로, 생태설계는 "살아있는 과정 그 자체를 통합함으로써 환경적으로 파괴적인 영향을 저감하는 모든 형태의 설계"라고 정의할 수 있다. 생태설계는 통합적이고 생태적으로 책임 있는 설계분야이다. 이것은 흩어져 있는 녹색 건축, 지속가능한 건축, 생태적 기술, 그리고 다른 분야의 노력들을 연결시키는데 기여한다. 생태설계는 풍성하고 희망적인 전망 뿐 아니라 실용적인 수단이다. 설계의 전면에 생태학을 위치시킴으로, 에너지와 물질의 사용을 절감하고, 오염을 감소시키며, 생물 서식처를 보존하고, 공동체와 건강과 아름다움을 지키고 양육하는 특별한 방법을 제공한다. 이것은 설계에 관하여 생각하는 새로운 방법을 열 것이다.

이 책은 여러 세대에 미치는 2개의 목소리로부터 출발하였다. 한사람은 30년 이상을 생태설계를 탐구하고, 가르치고, 실무에 종사하였다. 다른 한 사람은 30이 되지 않은 자연계에 대한 똑 같은 강한 애정과 함께 과학과 수학으로 훈련된 사람이다. 건축과 비선형 동태의 경이로운 분야가 웬델 베리가 말하는 "양식을 찾기"라는 것에서 만난다. 다음 페이지들은 이 찾기에 몰두한 우리들의 대화로부터 나왔다. 그것들은 우리가 생각하기에 생태설계의 중심적인 것이라고 하는 상호교차하는 분야의 대화를 예시한다.

이 책은 상세한 사례연구나 차트, 표로 구성된 기술적 참고서나 설계 핸드북이 아니다. 이러한 상세들은 핵심적으로 중요하지만, 여기서 우리의 관심은 그들에게 맥락을 알게 하고 그들을 일관성 있는 전체로 엮어주는데 있다. 이 책은 매우 다른 설계 분야의 사람들이 같은 질문으로 노력하기 시작하고 있다는 확신으로부터 성장한다. 자동차 설계자나 건축가들은 공히 그들이 사용하고 설계하는 물질들이 전 생애주기를 통하여 재순환되고 정화될 수 있는 방법을 찾고 있다. 조경가와 환경기술자들은 오수를 정화하는 인공적인 습지를 만들기 위하여 함께 일하고 있다. 이 공유된 의문에 반응하기 위하여, 그 의문의 핵심에 있는 생태적 공유지의 복원과 보전을 이루는 설계과정을 만들기 위한 하나의 작은 발걸음이다.

책의 첫 부분인, "생명으로의 설계"는 생태설계의 개관이다. 1장은 지속가능성과 설계의 연결을 논한다. 2장은 생태설계의 내재된 원리와 설계에 스스로 담고 있는 내용을 기술하고, 그 분야의 간략한 역사와 함께 끝맺는다. 3장인 "자연의 기하학"은 분자로부터 지구에 이르는 축척의 다른 차원을 분명히 연결하는 설계 원리 찾기를 제안한다.

책의 2번째 부분인 "생태설계과정"은 생태설계의 기초라고 생각하는 5가지 설계원리에 대하여 장을 할애하고 있다. 이러한 원리들은 하나의 출발점으로 의도된 것으로, 확정적인 규칙의 모음이라기보다 창의성에 하나의 영감을 주고자 한다.

이 책은 이러한 개념들에 대하여 더욱 많이 탐구하고자 하는 이들을 위하여 인용문헌과 자료에 대한 안내로서 마무리한다. 자료 안내는 생태설계 분야에서 가장 흥미 있는 사업과 조직에 대하여 접촉할 수 있는 최신의 정보를 제공한다. 참고문헌은 생태설계의 발전과 사고에 필수적인 책들이다.

우리의 논의는 당연히 완전하지 않다. 생태설계에서 뛰어난 작품들의 비상한 확대가 있고, 그것을 충분히 다루려면 많은 양의 내용이 필요할 것이다. 완전함을 위하여 노력하기보다, 우리는 생태설계에 포함된 사고의 패턴을 가장 잘 나타내는 사례를 선정하였다. 그 결과, 중요한 활동이 있는 어떤 분야—특별히 재생에너지, 교통, 도시계획—는 잘 표현되지 않았다.

이 책은 우리의 선배와 동료들의 비상한 기여가 없었다면 불가능하였을지 모른다. 그 다음에는, 이것이 희망의 기운 속에 다음세대에게 전해진다.

Sim Van der Ryn and Stuart

감사의 글

필자는 생태설계 세미나와 스튜디오에서 연구하는 학생들에게 진심으로 감사합니다. 수 년 동안 보다 좋은 설계방법을 찾기 위한 그들의 열정, 탐구 그리고 약속은 감동적인 지원, 우정 그리고 지적 격려의 변함없는 근원이 되었다.

The Lindisfarne 협회 회원은 오래 전부터 나의 지적 동지들이다. 창시자인 William Irwin Thompson과 특별회원들은 조언자이며 동조자이었으며, 영감에 대한 변함없는 공급자이었다. Beatrice Thompson, John and Nancy Todd, Wes and Dana Jackson, Mary Catherine Bateson, Lois Bateson, Gary Snyder, Wendell Berry, Fritz and Vivienne Hull, Amory and Hunter Lovins, Lynn Margulis, Robert and Ellen McDermott, Robet Thurman, Richard Baker 그리고 Joan Halifax 님에게 감사한다.

생태설계 연구실의 연구원들은 인내심과 명랑한 기분으로 나의 불규칙한 일정과 몰두를 항상 수용하였다. 특히 Peter Retondo, Davis Arkin 그리고 Marci Riseman 님에게 감사한다. Michael Katz, Christine Price, David Harris 그리고 Cherie Forrester와의 대화들은 책을 구성하는데 도움이 되었다. 생태설계 연구소 위원회의 위원 즉 Marty Krasney, Ranny Riley 그리고 Michael Murphy는 항상 기분 좋게 그리고 건전한 충고로 나의 비전을 지원하였다.

Stuart Cowan은 1992년 나의 생태설계 세미나에 등록하였다. 그리고 수업을 듣는 학생들에게 참신한 시각과 예리한 지성을 갖도록 하였다. 책은 얼마동안 내 마음 속에서 그리고 논문에서 구체화되어 가고 있었다. 나는 함께 공동연구를 하기 위하여 Stuart를 초대했다. 여러 해 동안의 오랜 대화를 통하여 그리고 Point Reyes의 산림과 해변을 천천히 걷는 것을 통하여, 나의 엉성한 원고들이 우리의 일치된 노력으로부터 새로운 형태로 나타났다. 그는 낙천적인 기질, 활동적인 신진대사 그리고 민첩한 머리를 소유하고 있어서 나를 기쁘게 했다.

마지막으로, 나의 아내이자 파트너인 Ruth Friend에게 감사한다. 그녀는 이 책을 쓰는 동안 기꺼이 공간을 내어주고 우리의 생활을 통하여 항상 나를 생각나게 하며 무엇보다도 가장 중요한 것은 그녀의 존재 그 자체이다.

Sim Van der Ryn

이 책은 나의 아내 Katy Langstaff의 변함없는 관심과 애정없이 쓴다는 것은 불가능하였을 것이다. 훌륭한 생태설계가이자 건설업자인 그녀는 나에게 보다 심오하게 느끼고 보다 명료하게 글을 쓰도록 요구했다. 그녀의 목소리와 정신이 책의 모든 쪽에서 알려질 것입니다. 그녀의 용기가 없었다면, 나는 오래 전에 이 책을 포기하였을 것이다.

나는 항상 나의 공동 저자인 Sim Van der Ryn에게 많은 신세를 지고 있다. 그는 2년 좀 넘어서부터 별난 젊은 수학자인 것에 내기를 걸고 있었다. 또한 Sim은 내 인생의 중요한 전환기 동안 특별한 조언자이며 친구이었다. 보체볼 시합, 클램 차우더 그리고 하이킹을 함께 해주신 것에 감사한다.

나는 부모님의 사랑과 지원에 감사하며 그리고 산, 산림 그리고 바다 친구들과 함께 성장하도록 기회를 준 것에 한번 더 감사한다. Moe Hirsch, Richard Norgaard 그리고 Leigh Palmer 선생께 감사한다. 세 분의 선생님은 나의 길에 깊은 영향을 끼쳤는데 모두 훌륭하고 고결하신 분이다. Robin Grossinger과 Elise Brewster는 우리가 Lichen이라고 부르는 집단에서 공생자로서 대단히 중요하였다. 또한 멋진 시간과 많은 지원에 대해 Archipelago 단체 회원인

Fernando Marti, Andrea Cowles 그리고 Norm Bourassa 님에게 감사한다. 특성없는 첫 번째 초안을 더욱 분명한 책으로 변화시킨 우리의 참을성 있는 편집자 Fran Haselsteiner 님에게 감사한다. 그리고 David Austin, Ann Baker, Rebecca Boone, Rebecca Coffman, Nelson Denman, Nicole Egger, Francis Frick, Helen Hoyer, Fritz and Vivienne Hull, Aran Kaufer, Richard Kraft, Penny Livingston, Allison and Jenn Rader, Sarah Smith, James Stark, James Stone, Joanne Tippet, Babak Tondre, John 과 Nancy Todd 그리고 Micah Van der Ryn 님을 포함하여 어려운 책에 대해 풍부한 문맥을 제공한 친구들에게 심심한 감사를 표한다.

Stuart Cowan

역자서문

2006년 미국의 키워드는 "sustainable(지속가능한)"이 선정되었다는 보도가 있었다. 또한 2007년에는 세계 최초로 미국 애리조나 주립대학에서 지속가능성 대학이 개설되어 강의를 시작하게 된다. 이처럼 "지속가능한"이라는 주제는 시간이 갈수록 더욱 많은 관심사가 되고 있다. 역자들은 조경과 건축, 도시 분야의 설계에 관련된 일에 종사하면서 기존의 설계 방식의 한계를 깨닫고 이를 보완할 수 있는 새로운 설계방법을 찾고자 노력하며 연구하고 있었다.

Sim Van der Ryn과 Stuart Cowan의 저서 "Ecological Design"은 설계에서 지속가능한 방법론을 제시하고 있다. 이러한 것을 저자는 생태설계라 명명하고 그에 따른 이론적 배경과 구체적 사례를 언급하고 있다. 또한 이 책은 역자들이 연구하고자 하는 방향과 많은 부분 일치하며, 무엇보다도 생태설계를 정리하여 이를 풀어내는 일은 쉬운 일이 아닌데도 불구하고 상당한 부분까지 심도 있게 다루고 있다. 역자들은 이 책을 통해 생태설계에 대한 지식을 한국의 많은 설계관련자나 학생, 전문가에게 소개하는 것이 바람직하다고 생각되어 번역을 결심하게 되었다.

설계의 많은 부분은 인위적인 것이다. 그러나 생태설계는 자연과 함께 하는 설계, 시간이 지남에 따라 자연이 스스로 양육하고 관리해 나가는 설계, 그리하여 저비용으로 고효율을 달성하는 설계가 생태설계 일 것이다. 이것은 조경이나 건축, 도시 또는 마을설계 등에 적용가능하다. 이러한 일을 가능하게 하는 것은 지속가능한 설계가 될 것이며, 이제 그 시작을 이 책과 함께 열고자 한다.

제 1 장
생명으로의 설계

지속가능성과 설계

지속가능성의 두 가지 관점

지속가능성이란 용어는 1990년대에 있어서 하나의 주술(呪術)이 되었는데, 이는 현재 우리가 지속가능하지 않은 세상에 살고 있지만 지속성과 균형의 가능성을 제시하고자 사용된다. 오늘날, 빠른 화석 연료의 채굴은 기후를 재앙적인 수준으로 변모시키고, 이로 인해 많은 보험회사들은 더 이상 극심한 기후에 관계되는 보험 상품을 팔지 않는다. 지구촌에는 매일 100평방마일의 우림(雨林)이 사라지고 있다. 생물종들은 시간당 3종씩 미증유의 속도로 사라지고 있다. 인간에게 무해하다고 생각되는 화학제품들이 면역체계와 호르몬체계에 영향을 미치는 것으로 판명되었다. 옥수수 재배지역은 토양 고갈의 현상이 발생하며, 동부 유럽과 구 소련연방의 거대한 공업지대에는 환경적 피해가 끝없이 일어나고 있다. 우리는 안락함과 편리, 물질적인 부를 찾아서 자신의 건강뿐만 아니라 모든 생물종의 건강까지도 희생시키게 되었다. 그래서 우리를 부양하는 바로 그 체계의 수용력을 소모시키기 시작하였으며, 지금 그로 인한 결과들을 감수해야만 한다.

이러한 맥락에서 지속가능성 운동의 출현은 깊은 감명을 준다. 왜냐하면 이것은 자연과 문화, 가치, 권력관계, 기술 사이에서 더 많이 요구되는 관계들을 만드는 환경적 위기에 전일(全一)적 반응을 잠재적으로 제공하기 때문이다. 지배적인 변화에 직면하여, 지속가능성은 우리의 손자나 그들의 후손을 위해 대항할 수 있는 충분한 통합과 함께 문화와 장소를 창출하는 우리의 현명한 희망을 흡수하는 이상적인 사고이다.

북반구와 남반구 모두에 부족한 지속가능성에 대한 분석과 분석을 제공하면서 지속가능성에 대한 많은 문헌들이 지난 10년 동안 발표되고 있다. 자본주의, 기독교 정신, 식민지주의, 개발, 인구폭발, 과학과 기술, 가부장적 문화를 포함하여 다양한 산적된 원인들이 인용된다.1) 이러한 진단들은 가치 있고, 모두 고려할 만한 장점을 가지고 있으나, 아직도 대체적으로 그들은 더 지속가능한 세계로 향한 전기(轉機)를 만드는 특별한 것을 도출하는 데는 실패하였다. 대신에, 우리는 희망적이긴 하지만 모호한 정책적인 언급과 함께 정체되고 있다.

지속가능성은 단순한 운동이나 접근방법이 아니다. 이것은 제기되는 문제와 함께 접전을 벌이는 사회와 이해관계만큼이나 다양하다. 이것이 가질 형상은 경쟁적이며 이해관계는 복잡하다. 한편, 지속가능성은 회의와 다음 회의를 위해 10,000m 상공을 나는 범지구적 환경전문가와 정책입안자들의 영역이다. 다른 한편으로는, 지속가능성은 또한 환경적 사회집단, 전통적 풍습을 보전하는 토착민들, 그들 자신의 사회공동체를 변화시

---

1) 범지구적 위기에 관한 문헌은 정말 당황케 한다. 마르크스주의자들은 자본주의자들을 비난하고, 자본주의자들은 시장의 비효율성에 관해 비난한다. Paul Ehrlich같은 사람들은 인구폭발을 원동력으로 보는 반면, 다른 사람들은 이를 정치적이고 경제적인 불평등의 결과로 본다. 과학자들은 정책결정자들의 과학적 지식의 결여를 비난하고, 다른 이들은 과학을 문제로 본다. 이 책에서는 단지 지속가능성과 설계의 연계에 한정한다.

키는데 헌신적인 사람들인 민중의 영역이기도하다.

환경교육가인 데이비드 더블유 오르(David W. Orr)는 기술적 지속가능성과 생태적 지속가능성의 두 가지 접근방법을 말한다. 둘 다 환경위기에 일관된 반응을 보이는데, 실지로 이 두 가지 접근방법은 너무나 동 떨어져 있다. 기술적 지속가능성, 이것은 대부분의 방송시간을 잡고 있는데, 다음과 같이 특징지을 수 있다: "각기 모든 문제는 기술적인 해답과 시장의 해결책을 가지고 있다. 거기에는 피해야 할 곤경이 없고, 천사가 위협받을 공포가 없는 곳이다."[2] 이것은 지구의 의료적 증상들이 전문적인 관리 기술과 선명한 입장의 국제적 합의를 통하여 조심스럽게 안정되어져 가고 있는 전문가의 중재에 관한 것이다. 반대로 생태적 지속가능성은 "첫째로 우리를 곤란에 빠뜨리는 것을 방지하는 실제적인 대안들을 발견하는 것이 임무이며 농업, 거주지, 에너지 사용, 도시설계, 교통, 경제학, 사회양식들, 자원이용, 임업, 야생의 중요성, 그리고 우리의 중심적 가치를 다시 생각하게 한다."[3] 반면에 이 두 가지 접근방법은 중요한 접촉점을 가지는데, 범지구적 환경위기의 공유된 인식을 포함하여 그들은 지속가능한 사회의 서로 다른 전망을 구체화한다.

기술적 지속가능성의 제안자는 방향에 있어서 근본적인 변화는 필요치 않다고 강조한다. 이 접근방법의 예로, 그들은 '우리의 공통된 미래'라는 제목의 세계에 크게 영향을 끼친 환경과 개발 세계위원회의 1987년 보고서에 나와 있는 내용보다 더 멀리 고찰할 필요가 없다고 한다. 이 보고서에 의하면 "지속가능한 개발이란 미래의 세대들이 그들 자신의 요구에 의

---

2) David W. Orr, Ecological Literacy: Education and the Transition to a Post-modern World, Albany: State Univ. of New York Press, 1992, p.24.

3) Ibid.

해 필요한 자원을 현재의 개발 요구에 의해 필요한 자원과 상충됨이 없이 개발하는 것"이라고 한다.[4] 이 정의는 온화하고 피상적으로 호소하지만, 적어도 이 지구의 미래 거주자를 고려한 가능한 겸손하고 신중한 표현이다. 그렇지만 이것은 다음과 같은 약간의 치명적인 질문을 던지게 한다. 요구사항이 무엇으로 구성되느냐? 생명계에 관해 주어진 불확실성에 대해 과연 우리가 이 세대의 행위가 미래세대를 위한 생존 가능한 생태계를 여전히 남겨줄 수 있다고 보증할 수 있는가? '우리의 공통된 미래'를 자세히 읽어보면 지속가능성이란 "공업국가와 개발도상국의 빠른 경제적 성장, 개발도상국의 생산을 위한 자유 시장 접근, 더 낮은 이자율, 첨단기술 이전, 중요한 대형자본의 흐름"[5]에 의해 얻어진다고 서술되어 있는 것을 발견할 수 있다. 이러한 서술은 더 나은 관리와 기술에 기반을 둔 고도의 기술적 접근방법을 함축하고 있다.

1세대 이전에, 대부분의 영향력 있는 목소리의 사회 대다수 구성원은 물질의 풍요한 상승, 기술적, 경제적 확장에 대한 어떠한 대안도 부정하였다. 지금 똑 같은 목소리들은 지속가능성과 지속가능한 개발이란 자연의 건전성에 달린 우리의 물질적 풍요와 물리적 복지의 인식과 한계의 수용을 제안하는 용어를 옹호하는 듯하다. 모든 것이 측정되고 통제될 수 있다는 저변에 깔린 가정이 바뀌었는가? 아니면 "더욱 지속가능한" 방향으로 우리가 자연을 관리할 수 있다는 개념을 담은 오만한 생각을 단순히 확장한 것인가? 기술적 지속가능성은 자연을 관리하고 계정하고 사용하는, 더욱 효율적인 일을 하는 환원주의의 친절하고 부드러운 형태인가?

---

4) World Commission on Environment and Development, Our Common Future, New York: Oxford Univ. Press, 1987, p.43.

5) Ibid., p.89.

이러한 매우 혼란스러운 가정들이 범지구적, 생태적 관리를 통한 지속가능성의 이상주의적 전망 뒤에 숨어 있다. 우리는 관리자의 선정과 관리자의 결정에 관한 지식 둘 다에 질문할 필요가 있다. 개발에 관한 비평가인 볼프강 작스(Wolfgang Sachs)는 범지구적 환경관리에 매우 중요한 위성영상은 아래와 같은 것을 구축한다는 것을 관찰하였다.

> 산더미 같은 자료들을 포함하고 있는 실체, 그러나 사람은 없다. 그 자료들은 왜 투아레그족[6]들이 그들의 우물을 다 소진해야 했는지, 혹은 무엇이 독일인들로 하여금 고속도로에서 속도에 미치도록 하는지 설명하지 못한다. 그것들은 또한 아마존으로부터 선적된 목재를 누가 소유하고 있는지, 지중해를 오염시키면서 어떤 공장이 번성하였는지 집어내지 못한다. 그리고 그것들은 인디언 족속들에게 숲의 나무들이 얼마나 중요한지, 혹은 물이 아랍계 나라들에게 어떤 의미를 주는지 대해 말이 없다. 간단히 말해서, 그것들은 얼굴 없고 장소 없는 지식 즉, 막대한 비용을 수반하는 추상적인 것, 문화와 권력, 덕의 실체들을 망각하는 지식만을 제공한다.[7]

기술적 지속가능성이 먹혀 들어가는 이유는 기존의 권력구조에 잘 들어맞기 때문이다. "지속가능한 개발"은 이미 관습적인 대규모 개발기획에서 광범위의 다양성을 정당화하기 위하여 사용되어져 왔다. 인도의 나르마다(Narmada) 댐 사업의 경우에 이 언어는 도시 거주자와 거대한 산업 고객에게 한계적으로 싼 전기를 공급하겠다는 이유로 수 만 명의 전통마을 주민들을 이주하게 하는 것을 정당화하는데 호소하였다. *에콜로지스트*

---

6) 역자 주, Tuaregs; 베르베르어, 햄어를 쓰는 사하라의 이슬람 유목민

7) Wolfgang Sachs, "Global Ecology and the Shadow of 'Development'," in Global Ecology: A New Arena of Political Conflict, ed. Wolfgang Sachs, London; Zed Books, 1993, p.19.

(*The Ecologist*)[8]에 실린 최근 논설에 의하면 "나르마다 계곡 사업을 저항하는 이들과 지지하는 이들 모두 사회정의와 지속가능한 개발이라는 용어를 쓰고 있다. 그리고 쌍방 단체들도 비용/편익 분석과 민중동원이라는 견지에서 정당화하고 있다."[9]

기술적 지속가능성이란 새로운 전문가 집단에게는 사람과 생물권 사이의 범지구적 접촉면을 미세 조정하는 것으로 보인다. 그 과정에서, 지구시스템을 관리할 수 있다는 순진한 낙천주의에 빠져, 종종 사회공동체와 문화의 섬세한 부분을 무시한다.

생태적 지속가능성이란, 반대로, *우리의 일상적 미래*(*Our Common Future*)에서 나오는 얇게 가려진 일상적-업무적 낙관주의로부터 매우 다른 가정을 내포하고 있다. 그것은 기술을 제한하고, 물질욕구를 제한하고, 생물권에서 긴장된 장소를 제한하고, 오만을 제한한다.

데이비드 더블유 오르(David W. Orr)의 생태적 지속가능성의 특성 네 가지는 여기에 요약할 만한 가치가 있다.[10] 첫째, 사람은 유한하고 틀리기 쉬운 존재이다. 범위와 복합성을 전체적으로 이해하고 관리하는 사람의 능력에는 한계가 있다. 너무나 크게 생각하는 것은 우리 인간의 한계를 넓히는 것이 아니라 오히려 부담이 된다. 둘째, 지속가능한 세상은 오직 밑으로부터(bottom up) 다시 설계되고 다시 세워질 수 있다. 지역적으로 자기 신뢰와 자기 조직을 바탕으로 한 공동체들은 변화의 주춧돌이

---

8) 생태학 관련 학술지

9) Gustavo Esteva and Madhu Suri Prakash, "Grassroots Resistance to Sustainable Development: Lessons from the Narmada," *The Ecologist* 22, no.2 (March-April 1992): 45-51.

10) Orr, *Ecological Literacy*, 29-38.

다. 셋째, 우리의 문화와 장소로부터 공진화하는 전통적 지식은 중요한 자산이다. 그것은 보전되어야 하고, 복원되어야 하고, 그리고 다시 사용되어져야 한다. 넷째, 진화의 진정한 수확은 자연의 설계에 암호화되어 있다. 자연은 끌어내야 할 자원의 보고(寶庫) 이상이다: 그것은 우리가 직면한 모든 설계문제의 가장 바람직한 해결 모형이다.

이러한 특성들은 지속가능한 세계를 구축하기 위한 유일한 장기적 접근방법이 우리 주위의 산물, 건물, 그리고 경관들의 상세를 다시 설계하는 것이라는 의미를 내포하게 한다. 즉 그러한 재설계는 세세한 범위, 공동체의 자기 신뢰, 전통적 지식, 자연 스스로 설계한 지혜를 수반하는 겸손과 인내를 요구한다. 그것은 지속가능한 문화의 가장 핵심적인 상세를 위한 연구이며, 우리 매일 삶의 질감에 기반을 둔다.

설계의 관계

지난 세기의 건축에서 가장 중요한 변화는 음식, 연료, 물, 건축 재료의 공급을 위한 중앙 집중화된 기술적 기반구조에 가정(家庭)이 더욱 더 의존하는 것이다 · · · 세계 에너지 생산 12분의 1 BTU[11]가 미국에 있는 건물 전체를 덥히고 식히는데 사용되어 지고 · · · 평균적으로 처음 이러한 건물을 신축할 때 3년간 쓸 수 있는 냉난방 에너지를 사용한다. 자동차 다음으로 가정 난방기구들은 가장 큰 대기 오염원이다 · · · 평균적인 가정이 매일 거주를 위해 150～220 갤런(682～1,000 리터)[12] 물을 사용한다 · · · 어떤 목적이건 건물에서 사용된 모든 물은 하수로 존재한다. 상수와 하수 체

11) BTU: British Thermal Unit=0.252Kcal, 본문에서는 정확한 에너지 단위가 아니라 개념적 에너지 단위로 사용

12) 1 gallon= 4.546 ℓ

계는 연속적으로 짝을 이룬다. 우리는 개인위생이라는 이름 하에 우리의 물체계를 글자그대로 정화한다··· 일반적인 가정은 하루에 일인당 4.5 파운드(2041 그램)[13] 쓰레기를 발생하고 일 년에 어디서든지 2.5~5 톤을 발생한다. 섬유, 플라스틱, 종이, 나무, 유리, 금속과 음식 찌꺼기들은 통상 똑같은 쓰레기통에 던져진다. 투입구에서 많은 양의 조직화된 물질들은 하나의 시끄러운 출구에서 합체되고 버려지고; 엔트로피와 무질서는 극대화된다.

션 웨슬리-밀러(SEAN WELLESLEY-MILLER), "공생의 건축을 위하여"[14]

이 책의 목적상, 감지된 요구와 욕망을 채우기 위해 과정, 에너지, 사물들을 의도적으로 만드는 것을 설계(design)라고 정의하자. 설계는 토지이용의 선택, 에너지 흐름, 물질의 교환을 통해 문화와 자연을 엮을 수밖에 없는 이음매이다. 이러한 정의에 의해, 건축가, 조경가, 도시계획가들은 분명히 설계자이고 농부, 화학기술자, 산업디자이너, 인테리어 장식가, 그리고 다른 사람들도 마찬가지이다. 모두가 매일 경험하는 물리적인 상세를 만드는 일에 관여되어 있다.

일상세계의 건축, 공예품, 순화된 경관은 설계된 세계이며, 인간의 목적에 의해 만들어진 것이다. 이 세상의 물리적 형태는 우리의 문화에서 가장 가치 있다는 것의 직접적인 표현이다. 이 기준에 의하면, 마천루를 세우기 위해 필요한 정보의 복합적 배열은 정당한 지식으로 여겨지지만, 살충제 없이 식량을 생산하는데 필요한 똑같은 정교한 정보는 그렇지 않을

13) 1 pound= 453.6 g

14) Sean Wellesley-Miller, "Towards a Symbiotic Architecture," in *Earth's Answer: Explorations of Planetary Culture at the Lindisfarne Conference*, ed. Michael Katz, William P. Marsh, and Gail Gordon Thompson (New York: Harper & Row, 1977), 82-3.

수 있다. 철학자들은 지식으로 간주되는 여과장치(filter)를 인식론(epistemology)[15]이라고 부른다. 토마토, 수세식 화장실, 자동차, 원자력 발전소, 암거, 그리고 교외 주거지들 각각은 환경적 관심이 명확한 역할을 하든 아니하든 간에 하나의 인식으로서 구체화한다. 토마토를 먹고, 화장실을 사용하고, 자동차를 몰고, 전등불을 밝히고 함으로써 우리는 연동된 인식으로 이끌려진다. 많은 경우에 있어서, 환경적 위기는 설계의 위기이다. 그것은 물건들이 어떻게 만들어지고, 건물들이 어떻게 세워지고, 그리고 경관들이 어떻게 사용되어 지는가의 결과이다. 설계는 문화를 표현하고, 문화는 우리가 세상에서 진실이라고 믿는 것의 기초에 견고히 자리 잡는다. 농업, 건축, 공학, 산업의 현재 형태는 자연의 것과 조화될 수 없는 설계 인식에 기인한다. 설계를 풍부하고 충분한 맥락 하에서 고려하지 못했다는 것은 명백하다. 설계를 좁은 시야에 의한 인간의 이익을 충족하기 위해 사용하였으나, 우리의 동반자인 다른 동료 피조물과의 관계를 무시하였다. 이러한 근시안적 설계는 살아있는 세계를 저급화시키지 않을 수 없으며, 더 나아가, 우리 자신의 건강까지도 위협한다.

만약, 우리가 설계에 관한 결정들을 그들의 생태적 결과들과 분리할 수 있다고 믿는다면, 우리는 그 나름대로 설계할 것이다. 우리는 웬델 베리(Wendell Berry) 글 속에서처럼 "새로운 문제를 야기하는 해결책과 해결책을 제시한 전문가의 식견을 벗어나는 새로운 문제"를 끊임없이 찾으려고 할 것이다.[16] 그러므로, 살충제가 즉각적인 문제인 해충의 번성을 부

15) 인식론: 지식에 관한 지식을 목표로 하여 안다는 것은 무엇인가, 인간은 어떻게 알 수 있는가 등을 탐구하는 학문.

16) Wendell Berry, *The Gift of Good Land: Further Essays Cultural and Agricultural* (San Francisco: North Point Press, 1981), 135.

분적으로 억제할 수 있을 동안, 그들은 살충제를 고안한 사람들에 의해 고려되지 않았던 새로운 문제의 사슬을 창출한다. 이러한 문제들은 광범위하고 확산적이다. 농부들을 발암물질에 노출시키고, 지하수를 오염시키며, 첫째로 해충을 억제하였을 익충이나 이로운 새들에게 나쁜 영향을 미친다.

지난 50여 년 동안, 우리는 복잡하고 다양한 경관을 여러 가지 설계기법 또는 조잡한 "템플릿(template)"같은 설계기법으로 해변에서 해변으로 연결되는 꿰매어진 것 같은 아스팔트 그물망으로 경관을 단순하게 변모시켰다. 산업적 상상력의 빈곤함이 모든 상상 가능한 요구를 충족시키는데 사용되곤 하는 소수의 템플릿 기법 속에 잘 나타나 있다. 여기에는 환락가 보행로, 소규모 보행로, 지역의 보행로, 산업공원, 도시의 변두리, 단독주택, 연립주택, 밀봉한 마천루와 같은 모든 것들이 환경적으로 황폐화시키는 기반구조인 도로, 고속도로, 강우와 하수 처리장, 전력선과 그 외의 것들과 연계되어 있다.[17] 이러한 템플릿의 양식은 우리의 장소와 자연에 대한 인식 속에 교묘히 파고들면서 일상적인 경험의 양식으로 되었다.

도시계획가들, 기술자들, 그리고 다른 설계 전문가들은 템플릿 기법이, 완성하기 위해 막대한 에너지와 자원을 요구하는 표준화된 해결책이라고 생각하는 함정에 빠져있다. 기성품적인 해결책으로서, 이러한 표준화 템플릿들은 방대한 규모에서 무의식적으로 복제되고 채용되고 있다. 그 결과 **멍청한 설계**(dumb design)를 생산하게 되었다. 멍청한 설계란 구체적인 장소를 만들기 위한 필수요건만 홀로 남겨둔 채, 생태계와 인간 사회의

---

17) 이런 종류의 촌스러운 설계의 자서한 부분을 보려면, Joel Garreau, *Edge City: Life on the New Frontier* (New York: Doubleday, 1991), James Kunstler, *The Geography of Nowhere: The Rise and Decline of America's Man-Made Landscape* (New York: Simon & Schuster, 1993)

건강을 고려하는 것을 실패한 설계를 말한다.

멍청한 설계는 에너지와 자원을 낭비하는 설계이다. 이것은 오염을 유발시키며, 에너지 낭비적이고, 안전에 위협을 준다. 불행하게도, 우리는 이것에 의해 둘러싸여 있다. 우리는 이것들과 대항하여 싸울 인식과 논리 정립 부족의 이유로 멍청한 설계가 경관을 지배하게끔 하였다. 우리는 환경적 위기가 역시 설계의 위기라는 사실을 인식하는 것이 늦었다. 그리고 더욱 감성적인 종류의 설계를 지지하는 지식과 정책의 형태를 낳는데 느렸다. 우리는 살아있는 세상을 보호하기 위해 요구되는 작고도 부단한 동정적인 행동들을 존중하지 않은 이유로 불모지를 만들고 말았다.

반면에, 만약 우리가 설계인식론에서 풍부한 생태적 관심의 장치를 구축하였다면, 환경적 위기에 시종일관된 반응을 하였을 것이다. 독일에서는, 현재 제조업자들은 법적으로 쓰고 난 포장지들을 수거하거나, 그렇지 않으면 비싼 세금을 내거나 하여야 한다. 이는 독일 포장업계의 인식을 바꾸게 되었다. 현재 포장설계과정에서 다음과 같은 새로운 질문들이 제기되고 있다. 내구성과 재사용법이 포장에 어떻게 설계되어져야 하나? 포장에 있어서 재활용을 촉진하기 위하여 포장 구성요소들을 얼마나 쉽게 분해할 수 있나? 이러한 질문들은 원재료의 사용과 낭비를 줄이면서 환경적 이득을 창출하는, 재사용하고 재순환되는 포장기술의 획기적인 발명을 낳게 하는 계기가 되었다. 반대로, 멍청한 설계는 올바른 질문을 던지지 못한다. 이것은 환경적 고려를 무시한 채, 맹목적으로 가격과 편의만을 적정화시킨다.

만약, 우리의 농업에 내재된 가정들이 에이커 당 최대생산성과 최소 인원수, 단일 품종재배, 값싼 연료와 비료, 토양의 끝없는 이용, 살충제로부터 야기되는 부정적인 건강의 영향을 무시하는 것을 포함할 때, 우리는 미국 중서부와 같이 우리의 토지를 사용할 것이다. 이러한 가정들은 1970년 *National Geographic*의 글에서 논리적 극단을 보여주고 있는데, "미국 농업의 변혁", 이것은 2쪽에 걸쳐 21세기 초의 농장에서의 삶의 모습을 보여주고 있다. 그 표제가 모든 것을 말해준다. "경작지는 골프장의 페어웨이처럼 뻗어있고 축사는 고층 아파트와 비슷한 모습이다 · · · 현대적 농장주택에 풍선 꼭대기 모양의 통제탑이 컴퓨터, 날씨예보, 가격붙이는 테이프와 함께 윙윙거리고 · · · 제트엔진의 헬리콥터가 살충제를 뿌리고 · · · 서비스 도로를 건너 솔방울 모양의 제분소가 소 가축을 위해 먹이를 섞고, 다층의 축사에서의 사육은 지표공간을 보전하게 된다. 튜브가 사료를 기계적으로 분배하기 위해 사용되어지고 있다."[18] 미국 농림부는 아무런 풍자적인 의도 없이 이 특별한 모습을 소개하고 있다.

농업에 내재된 이러한 가정들을 바꾸는 것 즉, 농업의 인식은 분명히 다른 결과를 가져온다. 연료와 비료사용을 최소화하는 작은 유기적 농장들이 다시 번성하기 시작하였다. 즉 건강한 작업환경을 제공하면서 잡초와 병충해 그리고 질병들로부터 보호할 수 있는 다양한 작물들을 경작하고 토양을 보전한다. 만약 우리가 광범위한 문화적, 생태적 맥락에 내재된 설계문제의 관점으로서 식량 재배를 본다면, 이것은 다른 설계 문제에도 반향하게 된다. 생태적으로 건전한 농업을 위해 고려해야 할 많은 부분이 건전한 포장 체계의 설계와 분별 있는 에너지 체계의 설계, 환경적으로 민감한 건축물의 설계에도 똑같이 작용한다.

---

18) Jules Billard, "The Revolution in American Agriculture," *National Geographic* 137, no.2 (February 1970): 184-5

건축의 경우가 전형적이다. 이 세기의 대부분, 건축설계는 기계의 은유에 의해 영향을 받았다. 기껏해야 자연은 자유로운 독창적 의지의 표현을 나타내는 건축물, 즉 주된 형태의 그림 같은 배경에 지나지 않는다. 시카고 외곽에 위치하고 있는 미스 반 데 로에(Mies Van Der Rohe)의 판스워쓰(Farnsworth) 주택 이것은 현대 건축가 세대에게 영향을 끼쳤는데, 중서부의 강가에 추상적으로 세워짐으로 막강한 영향력을 행사한 초기의 기술적 설명의 한 예이다. 그 경관은 방해받지 않은 듯 보인다. 홍수 범람 터인 바닥으로부터 비상한 마루와 지붕 평면은 흰색으로 칠해진 정확한 철제 기둥에 의해 들려 올려져 있다. 강둑의 나무들은 천장에서 마루 사이의 유리에 반영된다. 그 주택은 푸른 잎이 무성한 자연의 장치에 병치된 검소하고 엄격한 기계와 같은 질을 잘 표현하고 있는 하나의 객체이다.

카메라와 건축 잡지의 발명 이후, 건축가들이 설계한 많은 것들이 이미지와 깊이보다 표면적인 것에 의해 많은 영향을 받았다. 간혹 건축가들은 현장을 방문하지 않고 설계한 건물들을 자랑한다. 우리의 선도적인 건축학교의 전시실은 자신의 비밀의 논리에 의한 건물 모형으로 이루어진 학생작품들로 채워져 있다. 건축은 간혹 설계 대상 대지가 인간이 만든 객체 뒤에 투영되는 변경 가능한 배경으로 가르쳐지고, 환상을 갖게 만든다.

판스워쓰 주택은 자연과 연계된 기계의 은유를 볼 수 있는 가장 좋은 예이다. 더욱 나쁜 것은 기계의 은유는 우리로 하여금 자연을 수동적이고 유순한 자원으로서 유용한 생산물로 바뀔 준비가 되어 있는 것으로 보게 한다. 우리는 자연의 경관과 장소에 대한 지배적인 태도에 걸맞게 매년 도시와 도시 교외지역으로 변모해 가는 수 백만 에이커의 경작지, 숲, 언덕, 습지들을 지켜봐야만 할 뿐이다.

1970년대의 에너지 위기 전에는 건축가들은 건물에 본질적인 환경영향에 대한 어떠한 용어도 가지지 못한 채 그들의 작업을 수행하였다. 지배적인 건축 인식론이 건물을 추상적이고 정적인 형태로서 환경과의 중요한 물질교환도 없고, 내적인 생명 과정이 결여된 것으로 간주하게 하여 이러한 환경영향들은 보이지 않았다. 건물재료를 만들고 수송하기 위해 요구되는 에너지와 건물의 기후에 대한 반응에 대해 이야기할 수 있는 길이 없었다. 이러한 결과로, 이러한 요인은 설계과정에서 아무런 역할도 하지 못했고, 내재된 인식론은 기괴하게 비효율적인 건물들에 드러났다.

불행하게도, 대부분의 대학에서 태양이 하늘을 어떻게 운행하는지, 건물에서 사용되는 자원과 에너지를 알지 못하고, 어떠한 것도 구축하지 못하고, 환경과학 분야의 어떠한 과정도 이수하지 않은 채 석사학위를 획득하는 것이 아직도 가능하다. 이것은 우리에게 건축 전문가 과정에서 무엇이 정당한 지식이 될 것인가를 말해주고, 또한 왜 미국 에너지 소비의 40%가 건물의 건설과 재료, 관리에 소비되는가를 설명하는데 도움을 준다.

이러한 지속적인 경향에도 불구하고, 많은 헌신적인 개인 건축가들과 미국건축가협회에 의한 최근의 노력들이 더욱 개선된 환경적으로 뉘앙스를 가진 건축 인식론으로 방향을 바꾸게 하고 있다. 예를 들면, 크록스톤(Croxton) 설계집단의 뉴욕시 오드번(Audubon) 건물의 최근 개조작업에서 나타난, 환경기준들의 풍부한 장치가 설계과정을 이끌었다.[19] 건설과정에서 가능한 건물재료들을 지키기 위한 시도들이 마련되었고, 개조된 건물 자체가 쉽게 재활용될 수 있도록 설계되고, 주광의 이용과 태양열 난

19) National Audubon Society and Croxton Collaborative, Architect, *Audubon House: Building the Environmentally Responsible, Energy-Efficient Office* (New York: John Wiley & Sons), 1994.

방을 극대화하였으며, 비독성 페인트와 마감 재료들을 사용하고, 건물의 생애주기 동안 사무실의 물질들도 재활용되는 것을 촉진하였다. 이러한 기준들은, 독창적이고 유연하게, 일반적인 개조비용보다 불과 몇 %의 비용증가로 환경적으로 건전한 건물을 만들어내었다.

만약 우리가 지속가능성을 심각하게 고려해야 한다면, 우리는 우리자신에게 왕은 옷이 없다는 것을 인정시켜야 한다.[20] 재래적인 설계는 실패하고 있다. 왜냐하면 그것의 인식론에 금이 생겼기 때문이다. 가스 통로는 탱크 속으로, 펌프 위에 다이얼은 회전하는, 이런 것은 눈에 보이고 즉각적이다. 눈에 덜 보이는 것은 화석 연료의 광범위한 사용으로 인한 기후변화이다. 같은 방법으로, 농업은 물과 토양의 건전성을 고려하지 않고, 산업은 알려진 많은 양의 발암물질을 만들어 내고, 건물들은 자원을 고갈시키고, 방부제는 환경적으로 빈약한 인식론 내에서 설계되어진다.

『명심해야 할 생태학의 단계들』이라는 책에서, 인류학자인 그레고리 베이트선(Gregory Bateson)은 비슷한 주제를 추구하였다: "당신은 인간생활에서 발생하는 부산물을 제거하기를 원하여 에리(Erie) 호수에다 그들을 버리기로 결정할 수 있다. 그렇다면 당신은 에리 호수가 보다 광범위한 생태심리체계의 한 부분이라는 것을 모르는 것이다. 그리고 만약 에리 호수가 더럽혀진다면, 그것의 오염은 당신의 보다 넓은 생각과 경험 체계에 합체된다.[21] 혹자는 생태적 무의식을 말하는데, 깊고, 알 수 없는 고통이 우리 주위의 생태적 파괴에 의해 느껴진다고 한다.[22]

20) 이것은 우리 모두가 잘 알고 있는 벌거숭이 임금에 관한 동화에서 비유된 것이다. 즉, 세상이 괜찮다고 하는 것이 마치 왕이 옷이 없음을 누구하나 그 권위에 눌려 진실을 말하지 못하는 상황을 빗대어 지금의 환경상황이 다른 이유에 의해 정확히 인식되지 못하고 앞으로도 괜찮을 것이라는 사고방식을 비판하는 것이다.–역자 주.

21) Gregory Bateson, *Steps to an Ecology of Mind* (New York: Ballantine Books, 1972), 484.

캘리포니아 옥시덴탈(Occidental)에 있는 팰러론(Farallones) 연구소 농촌센터는 "승인되지 않은 자원"으로부터의 부적절한 파스퇴르 우유사용에 대한 인용을 출간한 적이 있다: 승인되지 않은 자원은 소다! 같은 분위기로, 캘리포니아 교통성은 보행자들을 "비 동력 단위들"이라고 불렀다. 산업사회에 속한 우리의 그러한 사람들이 극단적으로 생활의 기본을 위해 널리 퍼진 자원에 의지하게 되었다. 이러한 기본이 되는 것들이 우리에게 어떻게 공급되는지에 대해 많은 질문을 하지 않게끔 우리는 길들여져 있다. 우리는 개인적으로나 집단적으로 자연과 문화의 상호의존성을 부정하였다. 그 비극은 멍청한 설계가 막대한 환경적으로나 사회적인 비용에 대한 지속적인 가치를 거의 제공하지 못했다는 것이다. 산업화된 세계, 과학과 함께, 기술, 그리고 빌려온 풍요는 삶의 방법 내에서 전체성을 부정함으로써 발달하였다.

우리는 공론(公論)에서 오랫동안 숨겨 있던 것을 보이게 묘사하고, 조정하고, 질문을 던져야 한다. 지속가능성은 우리가 설계하는 경관, 건물, 객체들의 특별한 특성들과 결코 분리할 수 없다. 하나의 마을을 위한 적절한 수준의 밀도는 얼마인가? 토지이용 패턴이 야생생물의 요구에 어떻게 도움이 되도록 만들어질 수 있는가? 설계의 이러한 세부적인 것들은 지속가능성을 이해하고 완성하기 위한 새로운 도구가 된다.

우리는 설계의 특별한 것을 향한 정책의 추상적인 기술(記述)을 극복할 때 많은 것을 배울 수 있다. 실천적인 농업, 건물, 제조과정에서 자연과 문화의 상호관계가 칼날 위에 섰다는 것이 바로 여기에 있다. 지속가능한 세계의 지형도가 그려질 수 있게 되는 것도 여기다.

---

22) Theodore Roszak, *The Voice of the Earth* (New York: Simon & Schuster), 1992.

생태설계로의 입문

개 관

우리는 두 개의 서로 짜여진 세상에 살고 있다. 하나는 살아있는 세상으로 40억 년 동안 진화의 도가니 속에서 단련된 곳이다. 또 하나는 도로와 도시, 농장과 인공물로서 지난 몇 백 년 동안 사람들이 그들 자신을 위해 설계한 세상이다. 이 두 세상을 위협하는 상황인 비지속가능성은 그들 사이의 통합의 결여에서 비롯된다.

지금 자연 세계와 인간이 설계한 세계가 상호 교차하는 층위를 우리 삶의 옷감을 엮는 씨줄과 날줄처럼 서로 묶여 있는 것과 같다고 상상해보자. 하지만 세계는 단순한 두 개의 직물 층위 대신에 방대한 서로 다른 특성을 가진 여러 개의 층위로 짜여져 있다. 이러한 층위들이 어떻게 서로 짜여져 있는가가 통일성 있는 직물인가 아니면 역기능적인 엉킨 직물인가를 결정한다.

우리는 자연과 인간의 설계를 효과적으로 짜기 위한 기술을 습득해야 한다. 우리가 만든 우리의 이웃과 도시, 생태계의 설계된 혼란은 생태학의 폭넓은 이해에 기반을 둔 설계의 일관된 실무, 전망, 철학의 결여에 기인한다. 불행하게도, 인공 환경을 형성한 그들을 인도하는 은유들은 19세기의 인식론을 아직도 반영하고 있다. 우리의 일상생활 활동들이 설계에 의해 생태적 통합성을 보전하기 전까지 그들의 누적된 영향은 계속적으로 황폐화되게 할 것이다.

설계에 관해 생태적으로 생각한다는 것은 자연과 문화를 연결시키는 짜는 법을 강력하게 하는 방법이다. 건축이 전통적으로 구조와 형태, 미의 문제에 관련된 것과 같이, 또한 엔지니어링이 안전과 효율에 관련된 것과 같이, 우리는 모든 종들의 장기적 생존과 조화를 이루는 설계를 위해 생태적으로 건전한 형태를 의식적으로 개발하여야 한다. 우리는 **생태설계**를 **"생명계 과정을 통합함으로써 환경적으로 파괴적인 영향을 최소화하는 설계의 모든 형태"**라고 정의한다. 이 통합은 그 설계가 종 다양성을 존중하고, 자원의 소모를 최소화하고, 영양소와 물의 순환을 보전하며, 서식처의 질을 유지하며, 인간과 생태계의 건전성을 위한 모든 다른 선결조건들에 주의를 기울이는 것이라는 것을 함축한다.

생태설계는 명백히 환경적 위기의 설계 차원에 관여 된다. 그것은 단순한 하나의 양식이 아니다. 이것은 특이한 설계 전문분야에는 연계되지 못한 자연에의 참여와 파트너쉽 형태이다. 이것의 범위는 건축가들에게 건축 재료의 선택에서 다시 생각하게 하며, 육군 공병기술단이 홍수조절 전략을 다시 짜게 하며, 산업디자이너에게 독성 복합물의 사용을 자제하게 할 정도로 광범위하다. 생태설계는 우리의 경관, 건물, 도시, 에너지 체계, 물, 음식, 제조업, 폐기물을 재설계하는 일관된 틀을 제공한다.

생태설계는 단순히 자연의 과정에 통합과 효율적인 적응이다. 이것은 건강과 전일성의 고려로부터 출발하고, 충분한 환경적 영향을 신중히 고려한 해결책을 시험한다. 이것은 우리에게 각각 설계에 대해 새로운 질문을 할 것을 강요한다. 즉 살아있는 세계를 고치고 향상시킬 것인가, 아니면 더 나쁘게 만들 것인가? 연관된 생태적 구조와 과정을 보전할 것인가, 아니면 더욱 저급화시킬 것인가?

우리는 이제 막 환경적으로 파괴적인 영향을 일으키는 재래의 설계 형태로부터 생태적으로 건전한 설계의 형태로 가는 전환점을 만들기 시작하였다. 물을 정화함과 동시에 영양소를 재생하며, 서식처를 제공하는 인공습지를 이용하는 새로운 하수처리공장이 세워진다. 자연 생태계를 모방하고, 주위 경관과 병합되는 농업체계가 만들어진다. 하나의 과정에서 야기되는 하수가 다음 과정에서는 유용한 입력물로 설계되고, 그럼으로 오염을 최소화하는 새로운 종류의 산업체계가 있다. 새로운 종류의 염료, 접착제, 마감 재료가 있다. 이러한 예는 지금 빠르게 증가하며, 다음 장에서 중요한 역할을 한다.

우리는 이미 에너지와 물질의 낭비적인 사용을 대체하기 위한 설계 지식에 관해 많은 분야에서 극적인 진보를 달성하였다. 50년 전만 하더라도 집을 가득 메울 진공관과 전선줄이 필요했던 계산 능력이 이제 당신의 손안에 들어 왔을 정도로 기술이 발달했다. 산업경관을 지배했던 뜨거운 용광로와 산더미 같은 슬러지, 높은 굴뚝들은 효율적인 작은 규모의 시설과 공정으로 대체되었다. 바람이 틈으로 스며들어 와서 오염시키는 벽난로는 작은 알 모양의 나무폐기물을 태우는 간결하고 고효율적인 것으로 바뀌었다. 많은 생산물과 공정들이 극적으로 저감된 에너지와 물질의 흐름과 함께 소형화되었다.

이러한 사례들은 우리가 설계에 대해 다르게 사고할 때, 새로운 해결책들이 종종 재빠르게 나타난다는 것을 보여준다. 명백히 설계의 기초로서 생태학을 간주함으로 우리는 우리가 만들고 세우는 모든 것의 환경적 영향을 막대하게 감소시킬 수 있다.[23] 우리가 종종 협의의 문제를 해결하는 데 설계 지식을 잘 적용하였지만, 이제 우리는 생태적으로 건전한 기술, 계획방법, 축척과 전문가들의 영역을 가로지르는 정책들을 통합할 필요가 있다.

생명에 있어 필수적인 영양소, 에너지, 정보는 미세유기체로부터 대륙에 이르기까지 축척을 가로질러 부드럽게 흐른다. 반면에, 설계는 자신만의 특정화된 언어와 도구를 가지고 분리된 기술적 원칙들에 의거 수많은 전문 분야로 분화하였다. 발명가 벅민스터 풀러(Buckminster Fuller)가 한때 지적한 바와 같이, "내가 연못 속에 초록색 사과를 던졌을 때, 자연은 각 부서장 회의를 소집하지 않았다. 그 부서의 장들은 물리부 파도의 승인되지 않은 사용과 화학부의 물과 함께 이 생물학적 충돌을 어떻게 다룰 것인가 하는 결정을 하는 우두머리들이다."[24] 어떠한 규제, 중재, 홀로선 총명함도 자연과 조화된 일관된 양식으로 설계결정들을 신중히 결합하게 될 때까지 우리들에게 건강한 세상을 가져다주지 못할 것이다.

분명히, 진화는 자연의 진행 중인 설계의 과정이다. 이 과정에서 놀라운 일은 모든 생물권을 통하여 지속적이고 연속적으로 일어나고 있다는 것이다. 하나의 일반적인 유기체도 적어도 백년간의 집중적인 자기 자신의 연구와 개발을 통하여 진화한 것이고, 우리가 설계하는 어떠한 것도 이

---

23) "설계의 기초로서 생태학"이라는 경이로운 문구는 낸시 잭 토드와 존 토드의 책 '생물서식처, 바다의 방주, 도시농업: 설계의 기초로서 생태학'의 부제목으로 사용되었다. 이 책은 현재 개정되어 '생태도시로부터 살아있는 기계: 생태설계의 원리'라는 제목으로 출간되었다.

24) Buckminster Fuller, *Synergetics: Exploration in the Geometry of Thinking* (New York: Macmillan, 1975), 108.

러한 기준에 부합되지 않는다. 진화는 개개의 유기체들에게 수확하는 햇빛으로부터 세상을 인지하는 광범위한 능력을 부여하였다. 더욱이, 그것은 유기체 군집에게 집합적으로 영양소를 재순환하고, 물 순환을 조절하며 구조와 다양성을 유지하게 하였다. 진화는 꾸준히 유기체로부터 지구에 이르기까지 그들 자신의 설계 통합을 구현하면서 살아있는 세계에 일관된 차원의 조직화된 계통을 만드는데 지속적으로 작용하여 왔다.

몇 년 전, 노르웨이의 두 연구자는 해변림 토양과 여울성 해안 침적토에 있는 약간의 박테리아 다양성을 결정하기 위해 연구에 착수했다. 그들은 적어도 각각의 샘플에서 4,000종 이상의 종을 발견하였다. 그것은 박테리아 다양성에 관한 일반적인 목록에 있는 숫자보다 많았다. 더욱 주지할 것은, 두 개의 샘플에서 나타난 종들은 거의 완전히 구분되는 다른 것이었다.[25] 이 특별한 다양성은 지구의 다양한 서식처에 널리 퍼져있는데, 심해의 화산출구로부터 망그로부 습지에, 북극의 툰드라에서 삼나무 숲에 이르기까지이다. 그것은 내재된 상황에 정밀한 적응을 한 결과로서 다양성이다. 이 다양성 안에, 매의 날개 혹은 질소를 고정시키는 박테리아 효소 안에, 풍부한 설계 반응력이 내재되어 있다. 자연 안에, 다양한 축척을 연결시키는 형태와 기능의 조심스러운 안무법이 있다. 이것은 우리 자신의 설계를 위하여 광범위한 맥락을 제공하는 춤이다. 환경영향을 최소화하는 시도 속에서, 우리들은 자연 자신의 설계 전략에 피할 수 없이 끌려든다.

이러한 전략들은 설계 지침과 영감에 풍부한 자원이 된다. 생명을 지탱하는 양식들을 관찰해 보면, 결정적인 설계의 실마리들이 우리에게 제공

25) Edward O. Wilson, *The Diversity of Life* (Cambridge: Havard Univ. Press, 1992), 144.

된다. 우리는 거미 모양의 식물[26]들은 특별히 공기로부터 오염물질을 제거하는데 유익하고, 사무실 건물의 제한된 공기를 정화하는데 생명계의 효율적인 요소로서 작용한다는 것을 배운다. 우리는 습지가 방대한 양의 영양소를 제거하고 복합물을 분해하고, 병원균을 해독하고, 그러므로 하나의 생태적 하수처리체계로써 역할을 할 수 있다는 것을 발견한다. 자연의 절묘한 설계 목록표로부터 얻을 수 있는 이러한 단순한 교훈들의 합은 우리 자신의 생존을 위한 청사진에 불과하다.

우리의 일하고 있는 자연자본 즉 숲, 호수, 습지, 연어 등을 동전더미로 표현한다고 상상해보라. 이 자연자본은 물고기, 목재생산, 작물, 깨끗한 공기, 물, 그리고 토양의 지속가능한 형태로 끊임없이 이자를 제공해 준다. 현재, 우리는 단순히 이 자본을 써 버리고 있다. 이러한 접근은 항상 증가하는 쓰레기의 양을 흡수할 수 있는 잔존하는 생태계의 능력을 저하시키면서, 또한 아주 위험할 정도의 낮은 등급으로 낮추면서, 자연자본을 고갈시킬 수밖에 없다.

생태설계는 이러한 손실에 대하여 다음 세 가지 중요한 전략을 제공하는데 즉 보존, 재생 그리고 청지기 정신이다. 보존은 희귀한 자원을 멀리 흩어버림으로써 물질을 더욱 악화시키는 비율을 저감시킨다. 전형적인 보존 측정수단은 물질순환, 농지를 보전하기 위한 밀도 높은 사회공동체를 건설하는 것, 단열재를 첨가하고, 연료효율이 좋은 차를 설계하는 것을 포함한다. 불행하게도 보존은 내재적으로 손실이 입혀졌고, 의지가 이 손실을 어찌 하였든 최소화한다고 가정한다. 보존은 아직도 그것이 연간 자연

26) 미국 캘리포니아 지역의 가정에서 실내용으로 키우는 잎의 모양이 거미 같이 생긴 데서 유래한 이름.–역자 주.

자원의 결손을 수반하는 한, 홀로 지속가능성으로 나아가지 못한다.

로버트 로데일(Robert Rodale)은 죽기 직전에, 그 자신이 명명한 로데일 신문의 편집장이기도 한 그는, 재생이라는 것에 대하여 매우 관심이 많았다. 문헌적 감각으로, 재생은 살아있는 조직의 고침과 회복이다. 생태설계는 환경적으로 둔감한 설계에 의해 깊게 상처받은 세상을 재생시킨다. 이것은 침식된 하천을 생물학적 생산성으로 복원하고, 서식처를 재창조하고, 토양을 회복하는 것을 포함할지 모른다. 재생은 저급화된 생태계와 군집의 생생한 복원을 통한 자연자본의 확장이다. 그것은 자연과 조화를 이루는 문화의 풍부한 가능성을 구체화하는 고침과 회복의 형태이다. 재생은 보존하고 보호한다. 그것은 잃어버린 충만을 복원한다.

청지기 정신은 경관과 다른 생물과 우리의 관계에서 보살핌의 특별한 질이다. 그것은 지속적인 되먹임과정을 통한 꾸준한 헌신의 과정이다—예를 들면, 이것은 협곡이 침식되고, 조(Joe)가 수학을 망치는 것과 같다.[27] 그것은 한사람의 훌륭한 정원사에게 풀뽑기, 물주기, 해충감시, 비료와 함께 토양을 비옥하게 하고, 새로운 다양성을 첨가함으로써 실습한 지속적인 재투자와 주의 깊은 관리를 요구하는 것과 같다. 청지기 정신은 현명한 투자와 검소한 소비를 통해 자연자본을 유지한다.

생태설계는 보존, 재생, 청지기 정신 같은 것을 포함한다. 만약 보존이 자연자본을 더욱 서서히 소비하는 것을 포함하고, 재생이 자연자본의 확장이고, 그렇다면 청지기 정신은 자연자본을 까먹기보다 지속적인 이자와 함께 살아가는 지혜이다. 보존은 이미 엔지니어링과 자원관리 전문분야에

27) Joe는 일반인을 지칭하는 것으로 죠가 수학을 망친다는 의미는 시행착오를 거치는 과정에서 수학의 실력이 늘 듯이 우리의 환경을 이해하고 계획하고 관리하는 수준이 극히 초보적인 수준이라는 의미를 담고 있음.–역자 주

잘 설립되어 있지만, 재생은 이제 막 복원 생태학자, 유기적 농부들, 그리고 다른 이들에 의해 실험되기 시작한 단계이다. 청지기 정신은 우리들 모두가 어느 정도 이미 가지고 있는 질이다. 보존, 재생, 청지기 정신은 함께, 지속가능성의 기술적 그리고 개인적 차원의 양면을 우리에게 상기시킨다. 그들은 한계를 위한 요구를 재확신시킴으로써 창조적인 노력의 새로운 지평을 열었다.

사려 깊은 생태설계는 인간사회가 우리를 둘러싸는 생태적 사회를 다시 한번 깊숙이 통합시키는 에너지와 물질흐름에 있어서 대단한 감소를 허용한다. 쓰레기를 생태계가 수용할 수 있는 정도의 구성과 규모로 조심스럽게 맞추면서, 우리는 자연과 문화의 공생적 관계를 재창조하는 것을 시작할 수 있게 된다. 자연이 일을 하게 함으로써, 우리는 생태계가 쓰레기를 재생 이용하여 깨끗하게 하고, 기후를 개선하게 하고, 음식을 공급하게 하고, 홍수를 조절할 수 있도록 도와주어야 한다. "세상은 우리를 부양하는 설계체계를 통해 자연에 깊이 파묻혀 있는 통합하는 층의 과학으로써, 확실히 우리가 개발해야 하는 막대한 관련성을 가진 알 수 없는 생물학적 전략의 방대한 보고"28)이다. 생태설계는 생명자체의 화학적 단어, 기하학, 흐름, 군집 양식에 대해 알맞게 즉흥적으로 대응하면서, 이러한 생물적 전략들을 통합하기 시작한다.

예를 들면, 거의 붕괴되어 가고 있는 언덕을 지지하기를 원한다면, 재래적 설계는 그 장소에서 흙을 잡기 위하여 수 인치 두께의 콘크리트 보강벽을 설계할 것이다. 이러한 벽은 에너지와 물질의 난사용(難使用)을 만들고, 땅을 치유하는 데에 도움이 안 된다. 생태설계로서 찾는 해결책은,

---

28) Nancy Jack Todd and John Todd, *From Eco Cities*, 175.

그 장소에서 흙을 잡는 자연적 과정을 찾는다. 우리는 나무와 버드나무 가지로서, 그 언덕에 심는 유용한 해결책을 사용한다. 몇 달 내로 가지에서 싹이 나오고, 효과적인 토양안정화를 제공한다. 버드나무의 관절이 있는 뿌리들은, 콘크리트보다 그 장소에서 토양을 유지하는데 있어 훨씬 잘 적응된다. 그런데, 그 콘크리트는 토양에 있어 단지 피상적인 관계만을 유지한다.29)

생태설계는 특정장소의 맥락 안에서 발생한다. 참나무가 도토리로부터 자라는 방법으로, 그 장소로부터 자란다는 것이다. 그것은 장소의 특정성에 반응한다: 토양, 식생, 동물들, 기후, 지형, 물의 흐름, 그리고 이것을 결합하는 사람들 등에 반응한다. 그것은 설계지식과 함께 쓰레기, 에너지, 물질을 대체할 수 있는 지역적으로 적응되는 해결책을 찾는다. 이러한 접근방법은 재래식 해결책이 하던 것보다 더욱 문화적 다양성과 함께 생물학적 다양성을 결합시킨다.

이러한 관심을 가지고 설계하는 것과 함께, 우리는 활발하게 환경영향의 설계 장치를 평가할 필요가 있다. 단순한 예를 든다면, 전형적인 주택에 대해 영향이 미치는 한 예를 고려해 보자. 주택의 기초를 위하여 사용되는 시멘트로부터의 이산화탄소의 배출은 지구온난화에 기여한다. 집을 난방하기 위해 사용되는 전기 생산은 그 지역의 산성비에 기여한다. 대지 내의 변형된 지형과 배수는 즉각적인 유역에 영향을 미치면서, 침식을 일으킬지도 모른다. 그 집은 기존의 야생생물 서식처를 대체하였을지 모른다. 집안에서 거주자의 건강은 건설기간 사용된 다양한 마감재, 합성수지,

29) 더 자세한 내용은 휴고 쉬흐틀(Hugo Schiechtl)의 *Bio-engineering for Land Reclamation and Conservation* (Edmonton: Univ. of Alberta Press, 1980).에서 제공 됨.

접착제의 가스 배출에 의해 영향을 받는다. 목재는 멀리 떨어진 숲의 파괴를 촉진시킬지도 모른다. 우리는 하나의 건물을 위한 광범위한 생태적 비용의 다소 낙담스러운 모습과 함께 남겨져 있다.

생태설계는 이러한 영향을 보이지 않는 부분의 효과로부터 명백한 조화된 설계, 제약요소들로 바꾼다. 만약 지구온난화에 기여하는 일반적인 시멘트의 기여가, 시멘트의 광범위한 사용이 불필요한 것이라면, 이것이 치명적인 설계제약으로서 부과된다. 아마도 집은 시멘트 사용을 최소화하는 방법으로 앉혀질 것이고, 대안적으로, 덜 파괴적인 시멘트가 사용되어 질 것이다. 만약 집을 난방하는데 있어, 과도한 양의 전기와 가스가 사용되어져야 한다면, 건물재료의 적절한 선정과 건물의 조심스러운 향에 따른 배치를 통하여, 수동적인 태양열 난방을 사용하는 것이 가능할 것이다. 같은 방법으로, 각각의 영향은 생태설계 혁신을 위한 자극제가 될 것이다.

생태설계는 자연적 흐름을 전면에 부각시킨다. 그것은 경관에서 물의 흐름, 바람의 넘나듦, 흙의 비옥, 종의 다양성, 해, 달, 지구의 리듬을 축복한다. 그것은 우리의 삶에 있어 그것을 이야기하고 수행하는 것을 허용하면서, 보이지 않는 것을 보이게 한다. 그것은 우리를 집으로 돌아오게 한다. 우리 생존의 요소로써, 우리의 음식과 에너지 출처, 유역의 특질, 산의 등고선 등을 다시 한번 활발하고 현재적인 것으로 되게 하고, 그들이 우리의 장소에서 우리를 부양한다. 우리에게 우리 지역의 뉴스와 우리 친구 종들의 오고 감을 알려준다. 궁극적으로, 생태설계는 우리의 장소성을 심화시키고, 또한 장소의 진정한 풍성함과 장소의 예기치 않은 연약함에 관한 지식도 제공한다.

생태설계는 자연의 흐름과 순환, 양식과 함께 인간적 의도를 통합하는 길이다. 그것은 주어진 설계 과제의 생태적 맥락을 풍부히, 가능한 이해하는 것과 함께 시작하고, 문화적 맥락과 함께 일치된 해결책을 개발한다. 이러한 설계는 단지 전문가만의 일이 될 수 없다. 그것은 궁극적으로 지속가능한 문화의 일이다. 자연과 인간 설계의 다층적인 층위를 짜는데 있어, 숙련된 생태설계가들은 지속가능성에 놓여 있는 문화적 과정에서 촉매자이고 활동자이다.

우리는 즉시 조각들을 얻기 시작하고 있다. 유기적 농장의 고효율적인 적용으로부터, 게다가 그 조각들이 우리를 일상생활의 현실이 되기 전까지, 그들은 불충분하게 존재할 것이다. 이 책은 지속가능한 세상을 만드는데 필요한 설계 수단에 관한 것이다. 이것은 설계에 관해 새로운 사고 방법과 보는 방법을 제공한다. 이것은 설계 과정을 바로 잡기 위해 새로운 장치의 질문과 주제를 제공한다. 이것은 지속가능성의 전망을 우리 주위의 일상의 물체, 건물, 경관으로 번역할 수 있는 설계형태를 제안한다. 이것은 새로운 생태적 기술을 최상으로 포함할 뿐 아니라, 지속가능성의 문화적 기반을 요구한다. 간략히, 자연과 문화사의 실질적인 조화의 탐험이다.

표 1은 관련된 주제에 관해 재래설계와 생태설계를 비교한다.

역사와 배경

생태설계는 새로운 아이디어는 아니다. 필요에 의해, 광범위한 변화하는 상황에 직면한 많은 다른 문화들에 의해 고도의 수준으로 진보한 것이다. 야노마모족은 아마존 열대우림에서 고도의 정제된 지식과 함께 살면서, 신중히 수 백 종의 식물들을 증식시킨 결과 생물 다양성을 향상시켰

▶표 1 재래설계와 생태설계의 특성

주제	재래설계	생태설계
에너지 자원	통상 파괴적이고 재생 불가. 화석연료와 핵연료에 의존. 설계가 자연자본을 소모.	항상 재생가능하고 타당함. 태양, 바람, 소규모 수력, 혹은 바이오매스. 설계는 태양열 수입 범위 내에서 유지됨.
물질 사용	고품질의 물질이 사용됨. 독성을 유발하고 저 품질의 물질이 토양, 공기, 물속에 버려짐.	하나의 과정에서 쓰레기는 다음과정에서는 음식이 되는 복원적인 물질순환과정. 재사용, 재순환, 유연성, 보수, 지속성에 근거한 설계.
오염	막대하고 풍토적 임.	최소화: 쓰레기의 규모와 구성은 쓰레기를 흡수할 수 있는 생태계 능력과 일치한다.
독성 물질	살충제로부터 페인트에 이르기까지 일반적이고 파괴적 임.	매우 특수한 상황에서 극단적으로 조금 사용됨.
생태적 회계	환경영향보고서와 같은 강제적 요구조건들과 함께 순응하도록 제한.	정교하고 구축됨: 물질추출과 구성요소의 최종 재순환 과정까지 사업의 전 생애주기를 통하여 생태적 영향의 넓은 범위를 망라.
생태와 경제	반대되는 개념으로 인지; 단기적 관점.	상호 조화되는 것으로 인식: 장기적 관점.
설계 기준	경제, 관습, 편리.	인간과 생태계를 건강하게, 생태적 경제.
생태적 맥락에서의 민감성	문화와 장소에 대한 고려 없이 지구상에 걸쳐 표준적 판박이가 반복됨. 뉴욕에서 카이로까지 고층건물이 똑같아 보임.	생물지역에 반응. 설계는 지역적 토양, 식생, 재료, 문화, 기후, 지형과 함께 통합됨. 장소로부터 형성된 해결책들.
문화적 맥락에서의 민감성	동질적, 지구적 문화를 구축하는 경향: 지역적, 일반적인 것을 파괴.	장소와 지역재료와 기술들의 전통적 지식을 존중하고 양성: 평범한 것 육성.

주제	재래설계	생태설계
생물, 문화, 경제의 다양성	고 에너지와 물질들을 투입한 설계를 고용주들이 일반화시킴. 그로 인해 생물적, 문화적, 경제적 다양성 잠식.	그를 부양하는 경제와 지역적으로 적응된 문화와 생물다양성을 유지.
지식 기반	좁은 학제적 관점.	광범위한 과학과 다중설계학제를 통합: 종합적 임.
공간 척도	일시에 하나의 척도에서 작업하는 경향.	다중 규모를 가로질러 설계 통합. 큰 척도에서 작은 척도로 작은 척도에서 큰 척도로 영향을 반영하면서.
전체 체계	놓여있는 자연과정을 반영하지 못하는 경계들을 따라 체계를 분리.	전체체계와 함께 작업: 내부 통합과 결합을 가장 큰 가능 정도로 제공하는 설계들을 생산.
자연의 역할	설계는 편협한 인간요구를 만나고 예측가능성과 통제를 제공하는 자연에 부과된다.	동반자로서 자연을 포함. 어디서나 가능하고 물질과 에너지의 무거운 관련성을 위해 자연자신의 설계지능으로 대체.
내재된 은유	기계, 생산, 부분.	세포, 유기체, 생태계.
참여 정도	결정적인 설계결정의 사회참여에 관해 공공적 제한을 가지고 의사소통하기 싫어하는 전문가와 횡설수설에 관련.	명료한 토론과 토의에 관한 헌신: 모든 사람이 설계과정에 참여하기 위해 힘을 가짐.
배움의 형태	자연과 기술이 숨겨짐: 설계는 시간을 통해 우리에게 가르쳐 주지 않는다.	자연과 기술은 보임: 설계는 궁극적으로 우리를 부양하고 있는 체계로 이끈다.
지속가능성 위기에 대한 반응	자연과 문화에 대한 관점은 적대적, 산재한 가정(假定)에 대한 의문 없이 부드러운 보전 노력을 완성함으로써 사물들이 나빠지는 속도를 천천히 하려고 노력.	문화와 자연에 대한 관점이 잠재적으로 공생의 관계. 실질적으로 인간과 생태계 건강을 낳는 실행을 위한 연구의 구분을 넘어섬.

다. 발리 사람들의 수경재배와 계단식 경작법은 수많은 사람들을 먹여 살리면서도 깨끗한 물과 토양의 비옥성을 유지한다. 호주 원주민들은 이야기와 종교적인 의식을 통하여 그들 땅의 아주 아름답고도 상세한 생태지도를 보존한다. 이러한 문화들에 내재된 설계 규칙은 천년간 그들을 존속시키는 것을 가능하게 하였다.

더욱이 산업국가들의 가장 맹종적인 성장의 시대에도 생태적으로 건전한 마을계획, 건강한 건물, 유기농업, 적절한 기술, 재생 가능한 에너지와 설계의 상호 교차하는 학제적 접근법에 대한 강한 움직임이 있었다. 윌리암 모리스(William Morris)의 예술 공예 운동, 루돌프 스타이너(Rudolph Stener)의 생물기능적인 농업, 에베네저 호워드(Ebenezer Howard)의 전원도시, 패트릭 게데스(Patrick Geddes)와 루이스 멈포드(Lewis Mumford)의 지역계획과 프랭크 로이드 라이트(Frank Lloyd Wright)의 유기적 건축 - 인간적 척도에서 이러한 각각의 축복받은 설계는 확고히 보다 광범위한 생태적 맥락 속에 자리 잡고 있다. 지난 50년간 막대한 생산적인 작업을 한 벅민스터 풀러(Buckminster Fuller)는 집에서 발생하는 폐기물을 스스로 처리하고 그들의 사용 연한이 다했을 때 재순환되는 다이막시온(Dymaxion) 주택들을 설계하면서 단명화, 즉 물질과 에너지의 사용을 감소시키는 것의 한계를 시험하였다.

1960년대까지, 해방된 산업화에 반대하는 완고한 미적이며 윤리적인 다양한 흐름이 생태설계의 1세대에 합류하였다. 설계자 션 웨슬리 - 밀러(Sean Wellesley-Miller)와 물리학자 데이 차루디(Day Chahroudi)는 생물학적 암시와 원리에 기반을 둔, 그러나 새롭게 적용 가능한 물질을 사용하면서 건물 "외피"를 설계하였다. 뉴 알케미(New Alchemy) 연구소의 존(John)과 낸시 토드(Nancy Todd)와 그들의 협력자들은 그들 자신의 식량을 키우고, 그들 자신의 에너지를 공급하며, 그들 자신의 폐기물을 재순환하는 태양 방주를 설계하였다.[30] 다른 실험적인 주택들과 서식처가 전 세계에 걸쳐 지어졌는데, 그것은 미니애폴리스에 있는 오로보로스(Ouroboros) 주택, 캠브리지 대학에 있는 오토노머스(Autonomous) 주택, 캘리포니아 버클리에 있는 팰러론 연구소의 인테그랄(Integral) 도시 주택이다. 형태와 목적에 따라 다르긴 하지만, 이러한 프로젝트 전부는 유사한 전망을 공유하고 있는데 이것은 생물학과 생태학이 서식처의 설계를 재고할 때 가장 핵심적인 과학이라는 것이다. 이러한 프로젝트 안에서, 생태계와 살아있는 유기체의 은유가 "생활을 위한 기계"로써 르 꼬르뷔지에(Le Corbusier) 주거의 낡은 이미지를 대체하였다.

우리의 가장 친숙한 서식처인 주택은 생태설계의 1세대가 출발하는 좋은 장소가 되었다. 농촌이나 마을 농가는 한때 광범위한 자족적 체계의 중심이었다. 그곳은 가족의 생계를 이어가게 하는 음식과 섬유, 연장과 장난감들을 생산하였다. 몇 백 년이 지난 후, 이런 농가들의 구성원은 얼굴 없는 소비 집단이 되었고, 그 집은 이들의 거주자들을 부양하기 위해 전적으로 외부 자원에 의존하는 익명의 대량 생산 주거단위로 전락하였다. 가정의 신진대사를 재고(再考)하는 것이 1세대 생태설계의 임무가 되었다.

생물학자인 빌(Bill)과 헬가 올코브스키(Helga Olkowski)가 착상하고 팰러론 연구소에 의해 후원된 완전한 도시 주택(The Integral Urban House)은 1973년 캘리포니아, 버클리의 넘어질 듯한 빅토리아 시대 풍

---

30) 방주는 낸시 잭 토드와 존 토드에 의한 책, *Tomorrow Is Our Permanent Address: The Search for an Ecological Science of Design as Embodied in the Bioshelter* (Nwe York: Harper & Row, 1980).에 자세히 설명되어 있다.

의 주택에서 시작하였다.[31] 석유 수출금지가 처음으로 많은 사람들로 하여금 그들이 석유경제에 전적으로 의존하고 있다는 사실을 알게 하였다. 설계가들은 태양과 함께 일하는 것을 시도하였다. 이 주택을 난방, 냉방, 전기, 음식을 위해 석유를 소비하는 곳으로부터 열에너지, 음식, 전기를 생산하는 곳으로 바꾸는 것이다.

완전한 도시 주택은 그 곳의 거주자들의 생명 부양을 위한 기본을 조정하는 척도로 복원하고자 하는 의도가 있었다. 즉, 가정과 지역 환경이 제공할 수 있는 자원과 용역을 위해 지불하는 돈의 유출을 감소시키며, 지역 생태계와 상호작용을 고무하는 것이다. 그 생각은 주택설계에 직접적으로 에너지와 음식의 생산과 폐기물과 물의 재순환을 통합하는 것이었다. 그 완전한 도시 주택은 퇴비형 화장실과 양어 연못, 유기적인 정원, 그리고 진보된 재순환 과정을 갖추었다. 이러한 지도(指導)적 전망은 건축과 생물학의 새로운 통합이었다.

이러한 창조적인 발효의 시기에, 중요한 이론적 발전이 있었다. *Design with Nature*라는 책에서 이안 맥하그(Ian McHarg)는 경관의 자연적인 기능 작용을 간파하고 "경관이 원하는 바대로"에 기초한 지성적인 토지이용계획을 제안하였다. *Small Is Beautiful*에서 프리츠 슈마흐(Fritz Schumacher)는, 간디(Gandhi)의 사상을 무겁게 끌어내면서, 작은 스케일의 체계가 경제적이라는 것을 설득적으로 이야기하며, 이로 인하여 적절한 기술 운동을 진수시키게 되었다. 아모리 로빈스(Amory Lovins)는 *Soft Energy Paths*에서 핵에너지에 대한 대안으로 통일성 있는 태

31) 완전한 도시 주택은 헬가 올코브스키 등의 책, *The Integral Urban House: Self-Reliant Living in the City* (San Francisco: Sierra Club Books, 1979).에 의해 소모적으로 기술되고 있다.

양열을 이야기하고 있다. 존과 낸시 토드는 *Bioshelter, Ocean Arks, City Farming: Ecology as the Basis of Design*, 최근에 재출간된 *From Eco-Cities to Living Machines: Principles of Ecological Design*에서 "생물학적 설계"를 위한 9가지 핵심 교훈들을 이야기하고 있다. 크리스토퍼 알렉산더(Christopher Alexander)와 그의 대학동료들은 *A Pattern Language*와 *The Timeless Way of Building*에서 중요한 생태적인 결과와 함께 하는 강력한 새로운 설계이론을 제시하고 있다.

1980년대에, 환경운동이 광범위한 지속가능성 운동으로 성장하였다. 위대한 기술적 진보가 태양열과 풍력 에너지 분야에서 이루어졌다. 로빈(Lovin)의 록키 마운틴 연구소가 많은 국가에서 에너지 정책을 바꾸는데 기여하였다. 빌 몰리슨(Bill Mollison)의 유기농사와 건강한 건물을 위한 "퍼머컬처(permaculture)"적 접근방법은 타스마니아의 소박한 출발로부터 세계의 추종자들을 불러들이게 되었다. 지속가능한 농업에 관한 기초연구가 산타 크루즈의 남가주대학과 캔자스 살리나의 랜드 연구소에서 행해졌다. 경관생태학과 보존생물학의 작업들이 와일드 프로젝트에 의해 효과적으로 사용된 생물다양성을 보전하기 위한 새로운 수단장치를 제공하였다. 피터 칼쓰로프(Peter Calthrope), 안드레 듀아니(Andres Duany), 엘리자베쓰 플레이터-자이베르크(Elizabeth Plater-Zyberk)는 보행자 중심의 마을 계획에서 새롭게 조명된 관심을 불러 일으켰다.

1990년대에는 세계적인 생태도시의 출현을 보게 되었다. 이곳은 건강하고 더욱 자원 효율적인 도시를 만들기 위해 작용하는 곳이다. 구축된 생태계들 즉 습지와 그 안에 담긴 소세계는 재래적인 하수 처리 체계에 대한 대안으로 빠르게 자리 잡고 있다. 산업화된 생태학과 생애주기분석은 이미 오염을 저감시키는 핵심 장치이다. 생태복원과 독성 오염저감에 대한 새로운 접근방법은 전망을 밝게 하고 있다. 경제학과 생태학을 통합시키고자 하는 최근의 시도는 열매를 낳고 있다. 이것은 텍사스 오스틴의 최대 가능성 건물 체계를 위한 센터에서 플리니 피스크(Pliny Fisk)의 생물지역적 설계의 접근방법을 포함하고 있다. 앤디 골드스워씨(Andy Goldsworthy)와 미엘레 우클레스(Mierle Ukeles)와 같은 예술가들도 생태적 사상에 깊게 관여된 작품들을 만들고 있다.

1980년대와 1990년대에는 역시 생태설계와 연관된 한 줌의 중요한 이론적인 작업들의 출간을 볼 수 있다. 존 틸만 라일(John Tillman Lyle)의 *Design for Human Ecosystems : Landscape, Land Use, and Natural Resources*와 더 최근에 출간된 *Regenerative Design for Sustainable Development*가 생태설계 전략에 관한 주의 깊고 종합적인 처리에 대해 언급하고 있다. 로버트 엘 셰이어 주니어(Robert L. Thayer, Jr.)의 *Gray World, Green Heart : Technology, Nature, and the Sustainable Landscape*는 중요한 이슈를 제기하는 철학적 작품이다. 심 반 데르 린(Sim Van der Ryn)과 피터 칼쓰로프(Peter Calthorpe)의 *Sustainable Communities : A New Design Synthesis for Cities, Suburbs, and Towns* 에서는 마을 규모에서 생태설계를 취급한다. 폴 호켄(Paul Hawken)의 *The Ecology of Commerce : A Declaration of Sustainability*는 생태설계와 업무사이의 중요한 연결을 만들고 있다.

생태설계의 제 1세대는 장소에서 가볍게 사는 것과 함께 작은 규모의 실험에 기반을 두었다. 대안적 건물재료, 재생가능한 에너지, 유기적 음식, 보존, 재순환과 같은 1세대의 많은 기술과 아이디어는 단편적인 유행 속에서 광범위하게 적응되어 갔다. 우리는 현재 생태설계 제 2세대의 발단에 서 있다. 이 2세대는 지배적인 기술과 설계에 대한 대안이 아니다; 이것은 필요한 진화를 위한 최선의 길이다.

생태설계의 제 2세대는 글자 뜻 그대로 여러 학제간의 통찰력을 효과적으로 엮어야 한다. 이것은 잔디전쟁[32]과 상호 교차하는 학제간의 논란 속에서 뒤엉키는 것보다 지속가능성의 현명한 문화 안에서 생존 가능한 생태설계기술을 창조하여야 한다. 문화적으로 인식론적으로 다양성을 풍부히 하는 설계의 새로운 생태학을 탄생시켜야 할 때이다.

---

32) 직역하면 잔디전쟁인데 이것은 영역을 지키려는 다툼을 일컫는 말이다.-역자 주

자연의 기하학

스케일 연결하기

한 방울의 비를 생각해 보라. 이것에 숨겨진 것은 장소들의 내재하는 역사이다: 예전의 피요르드, 알프스의 호수, 도시의 저수지, 남극의 얼음에서 모여진 물은 전부 계속 단위가 바뀌면서 하나의 단일 순환계에서 움직인다. 생물권 안에서 물의 흐름은 호주에서부터 그린랜드까지, 그리고 록키 산의 샘에서 갠지스까지 연결시킨다. 다른 자연 순환들도 우리들을 지구와 대기, 물 사이에서 영양소를 운반하고, 미네랄을 추적하는 살아있는 세계로 묶는다.

이러한 순환들은 매우 다른 공간 척도(지표 길이들)에서의 현상들을 함께 연결시킨다. 각 스텝에서 1,000배 확대하면, 우리는 1밀리미터의 척도에서의 물방울, 1미터의 물웅덩이, 1킬로미터의 호수, 1,000킬로미터의 남극 얼음을 만난다.

자연의 과정들은 척도를 가로지르는 물질과 에너지의 흐름에 긴밀히 관계되는 본래적으로 척도를 연결하고 있다. 청녹색의 조류로부터의 방출된 산소는 푸른 고래에 의해 흡수되며, 이 고래에서 방출된 이산화탄소는 참나무를 키운다. 지구적 순환들은 유기체들을 100억 분의 1 미터(광합성의 척도)에서 1만 킬로미터(지구 자체의 척도)까지 척도에서 17의 10승 정도 확대하면서 매우 효율적인 재순환 체계 속에서 함께 연결시킨다.

거칠게 흐르는 개울 안에서, 모든 크기의 소용돌이와 역류가 자라고 소멸되고, 덩굴손을 내밀고, 그들의 이웃을 흡수하고, 그리고 반대로 흡수된다. 물은 극히 작은 소용돌이에 갇히고 또한 큰 척도로 탈출하고, 다시 극히 작은 곳에 갇힌다. 척도를 연결하는 체계는 "모든 것이 모든 것 이외의 것에 영향을 미치는, 또는 잠재적으로 영향을 미치는 전일주의를 함의한다. 왜냐하면 모든 것은 어떤 감각에서 지속적으로 모든 것 이외의 것과 상호작용하고 있기 때문이다."[33] 자연은 방대하고 섬세하며, 끊임없는 수도사의 조정 같은 동적인 상호관입을 통해 불어넣어지고 있다. 물질과 에너지는 계속적으로 척도를 가로질러 흐르고, 작은 것은 큰 것에 정보를 주고 큰 것은 작은 것에 정보를 준다.

우리는 하나의 학제적 언어, 은유, 장치를 통한 굴절된 하나의 척도에서 과정을 보고자 하는 속단을 내리는 경향이 있다. 실제로, 이러한 종류의 인식은 내재된 현상을 파악하기에는 불충분하다. 우리가 산성비의 특성적 척도를 결정한다고 생각해 보라. 그것은 질소와 산화 황을 내뿜는 석탄연료의 발전소 척도인가? 아니면 그 발전소로부터 공급받는 개인 주택의 척도인가? 또한 물이 계속 산성화되어 물고기가 죽어가는 병든 호수의 척도인가? 어떤 사람은 그 척도는 발전소 전체 연결망을 품는 지역적인 것이라고 주장할 지도 모른다. 미국의 석탄 발전소에 의해 재앙적 수준의

33) John Briggs, *Fractals: The Patterns of Chaos: Discovering a New Aesthetic of Art, Science, and Nature* (New York: Simon & Schuster, 1992), 21.

환경 영향이 캐나다의 호수와 숲에 미치는 것에 대하여 화가 난 캐나다 사람들은 산성비의 척도는 국제적인 것이라고 믿는다. 그러한 때 아마도 다시 우리는 요점을 놓치고 있는지 모른다. 그것은 석탄 연소의 복잡하게 얽힌 화학적 과정에 내재된 산성비의 분자 수준의 척도가 진정한 척도가 아닐까?

이러한 각각 분석의 가능한 척도는 어떤 정당성과 제도적 뒷받침을 가지고 있다는 것은 분명하다. 상대적으로 전문가들에 의한 연구의 다수에서, 오염통제는 발전소, 에너지 효율적인 주택, 산성화가 진행되는 호수의 생태학, 오염의 대기 동태, 산성비의 국제적인 법적 합의, 석탄 연소의 화학에 행해져야 한다고 한다. 산성비는 척도의 많은 차원을 가로지르는 다양한 오염물질의 흐름을 포함한다. 만약 우리가 하나의 척도에만 초점을 맞춘다면, 우리는 다른 척도를 놓치게 되고, 그럼으로 문제를 제기하는 통합된 길 안에서 문제를 해결하는 기회를 놓치게 된다.

산성비의 사례가 설계행위의 생태적 영향이 척도와 정치적 관할권을 가로질러 나타난다는 것을 보여준다. 주택, 수력발전 댐, 하수처리체계가 단순히 하나의 척도에 한정되어 영향을 미치지 않는다. 우리가 하나의 척도에서 행하는 것은 많은 다른 척도에서 긍정적이건 부정적이건 약간의 영향을 미친다. 척도를 연계시키는 것은 우리들에게 우리 설계의 광범위한 환경적 결과를 깨우치게 한다.

우리가 자연 자신의 정교한 척도를 연계시키는 체계와 함께 작업하지 않는다면, 이 지구상에서 생명의 안정성을 위험에 처하게 할 것이다. 우리는 지구 기후에 중요한 암시를 주는 산업화 시기 이전보다 4분지 1 이상 대기의 이산화탄소 농도를 증가시켰다. 멀리 떨어진 지역이라 하더라도,

납의 축적된 농도는 1,000배 증가하였다.[34] 우리의 산업과 농업은 이미 자연이 소화할 수 없을 정도의 중금속, 황, 다른 요소들의 흐름을 생성하고 있다.

만약 우리가 설계 안에서 생태적 관심을 적절히 포함하여야 한다면, 척도를 연계시키는 것에 의하여 제공되는 도전을 심각하게 받아들여야 한다. 우리는 척도의 많은 복합적인 차원을 가로지르는 우리의 설계과정을 통합하는 길을 찾아야 하며, 이러한 과정을 물, 에너지, 물질의 자연 순환과 함께 양립할 수 있게 하여야 한다.

1920년대에, 루이스 리차드선(Lewis Richardson)이라는 별난 영국 사람이 현혹시키는 단순한 질문 한 가지를 던졌다. 영국의 해안선 길이는 얼마인가? 그가 더욱더 상세한 지도를 관찰할수록, 그는 새로운 모양을 발견했다. 큰 척도의 지도에서 분명히 나타나는 해안선의 직선은 더 세밀한 지도에서는 작은 만과 만, 곶, 반도의 연속으로 이루어져 있는 것을 알 수 있었다. 지도 척도의 많은 차원에 걸쳐, 울퉁불퉁한 해안선은 질적으로 비슷하다는 것을 관찰하였다.

사각형은 확대하더라도 숨겨진 상세가 없는데 반하여, 영국의 해안선은 끊임없이 확대될수록 새로운 형태가 나타나는 것이다(그림 1 참조). 분명히, 그것은 전체를 닮은 부분으로 만들어져 있었다. 그것은 척도를 연계시키는 새로운 종류의 기하학 형태로 짜여 있다. 이 기하학 안에서, 형태를 형성하는 과정이 많은 척도를 가로질러 본질적으로 독자적이기에, 한 척도의 형태는 다른 척도에서의 형태를 닮는다. 이 기하학은 매우 다른 척도

34) John Harte et al., *Toxics A to Z: A Guide to Everyday Pollution Hazards* (Berkeley and Los Angeles: Univ. of California Press, 1991), 333.

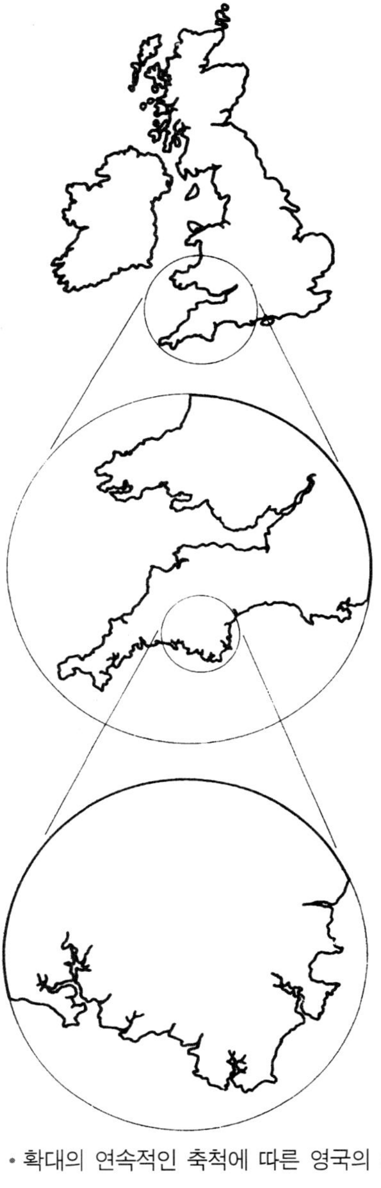

그림 1 • 확대의 연속적인 축척에 따른 영국의 해안선

로 그 범위를 넓히는 설계 학제를 연결시키려는 우리 자신의 시도를 위해 유용한 은유를 제공한다.

최근에, 수학자들은 영국 해안선의 많은 속성을 담는 기하학 형태에 대하여 연구를 시작하였다. 이러한 형태는 자연이 가지는 질감과 부정성에 대하여 미묘한 변화 요인을 면제하기는 하였지만, 그들은 다원적 척도를 함께 엮는 기하학의 단순하고 명백한 모형을 제시하였다. 코흐 곡선의 구성을 생각해 보자.

우리는 하나의 선분에서 시작한다.

그리고 그 선분을 3부분으로 나눈다.

다음에, 중앙의 선분으로부터 이등변 삼각형을 세우고, 밑변은 지운다. 그러면 원래 선분의 1/3 길이를 가진 4개의 선분이 생긴다.

그리고 이 새로운 4개의 선분에 척도를 키우면서 각각 똑같은 과정을 반복한다.

같은 과정을 끝없이 반복하면, 코흐 곡선이 만들어진다.

코흐 곡선의 구축에서 각 단계는 더욱 미세한 상세를 추가한다. 척도의 가장 작은 존재하는 차원은 비록 작은 규모라 하더라도 다음 척도의 차원에서 한 종류의 형태 연결의 뼈대가 된다. 각 단계에서, 그 구조는 중앙의 1/3 선분을 밀어냄으로 구성된다. 코흐 곡선의 각 부분은 전체 곡선을 형성하는 같은 과정에 의해 구성되지만, 각 부분은 전체 곡선을 닮는다. 사실, 코흐 곡선이 자신의 정확한 4개의 3 : 1복제로 만들어져 있다고 이해하는 것은 쉽다.

코흐 곡선과 영국의 해안선 둘 다 다중 척도를 명확히 연결시키는 분명한 종류의 대칭을 나타낸다. 그 대칭은 단순한 것이다. 전체의 형태는 전체를 반향(反響)하는 하부 형태로부터 형성된다. 이 대칭은 자기유사성이라고 적절히 불리며, 이것을 소유하는 형태는 프랙탈이라고 한다. 자기유사성은 많은 척도를 가로질러 형태를 형성하는 독자적인 과정의 직접적인 결과이다.

프랙탈 기하학은 척도를 연결하는 기하학이다. 이것은 척도의 현저한 범위에서 연결한다. 즉, 작은 나뭇가지에서 나무로, 작은 개울에서 유역까지이다. 우리 자신의 신체조차도 프랙탈 형태로 채워진다. "임파선 체계, 소장, 허파, 근육조직, 연결조직, 뇌 표면의 주름양식, 신장 안에 있는 필터막, 담즙관의 설계, 이 모든 것이 프랙탈 축척을 보여준다. 이 프랙탈 설계는 일정하게 몸 속을 흐르는 절대로 필요한 다수의 유체와 위험한 독소의 분배, 집합, 흡수, 배설을 위한 유용한 표면 면적을 막대하게 증가시킨다."[35] 뇌와 허파의 유용한 면적은 영국 해안선의 길이의 경우와 같이 더욱 확대한 척도로 보면 증가한다. 표면 면적이 더욱 커질수록 건강한 생물적 기능을 위한 중요한 화학반응이 더욱 효과적으로 작용하기에, 이 진화된 기하학은 이러한 임무를 수행하기에 적당한 것이다. 굴곡진 프랙탈 형태는 정교하게 가치 있다. 왜냐하면, 구와는 달리, 그들은 지극히 높은 면적 대 체적 비를 가지고 있기 때문이다. 유클리드 기하학의 일반적인 형태와는 달리, 프랙탈 형태는 다중 축척을 가로질러 물질과 에너지 흐름을 원활히 한다.

자연에서, 기하학은 내재된 과정을 향상시키고 반영한다. 생물학적 표면의 역할에 관한 논문에서, 유망한 생물학자 폴 맨키비츠(Paul Mankiewicz)는 물을 정화시키는 식물의 뿌리 체계의 능력에 관하여 논의한다.[36] 재래적인 하수 처리 체계에서, 박테리아는 물이 처리되는 대로 따라서 흐른다. 그들은 상대적으로 비효율적인 확산 과정을 통해 그들의 바로 이웃하는 주위의 물질을 흡수한다. 반대로, 생태적 하수 처리체계는 뿌리의 표면 위에서 풍부한 화학적 교환을 촉진시킨다(그림 2). 그 뿌리들은 그들에 거주하는 소유기체들의 작업을 촉진하면서 화학에너지의 흐름을 활발히 수행한다. 기초적인 연구가 뿌리체계에 의한 방대한 표면적이 지극히 효율적으로 수행되는 영양물질 필터링을 하게 한다는 것을 보여준다.

---

35) Briggs, *Fractals*, 124.

36) 이 부분은 폴 맨키비츠 논문의 초고에 의한다. 그 논문은 "Biological Surfaces, Metabolic Capacitance, Growth, and Differentiation: A Theoretical Exploration of Thermodynamic, Economic, and Material Efficiences in Fluid Purification Systems,"이고 매사추세츠주 팰마우쓰의 물 복원 센터로부터의 1993년 보고서이다.

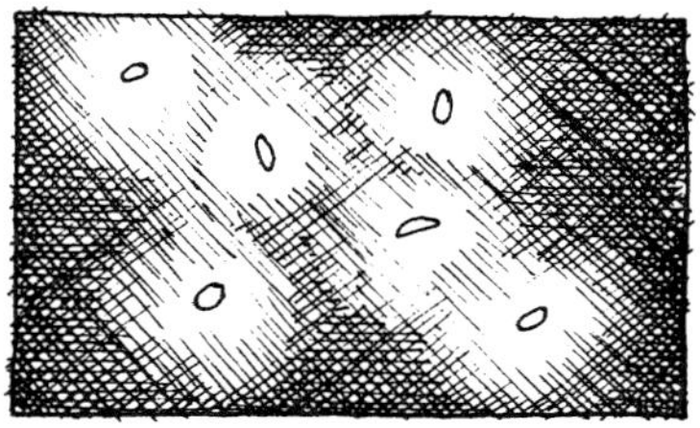

물과 함께 박테리아가 흐르고 비효율적인 확산과정을 통해 영양물질 흡수

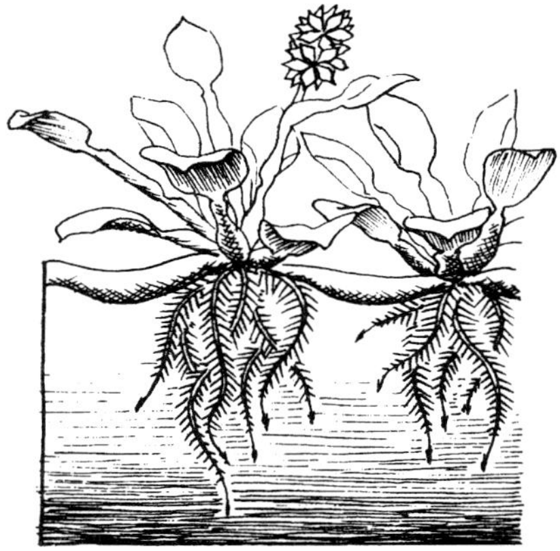

프랙탈 구조의 뿌리체계를 보여주는 물옥잠 부유매트

프랙탈 뿌리는 흐름 속에 성장하는데, 생물적 상호작용을 위한 방대한 표면적을 만들고 화학성분을 극대화 한다.

그림 2 • 프랙탈 뿌리와 오수처리

자연의 기하학은 생태설계를 위해서 매우 중요한 구성원리이다. 이것은 뿌리나 혹은 유역의 척도에서나 설계를 위한 맥락을 결정한다. 한 세기 전에, 미국 지질 조사의 단장이었던 존 웨슬리 포웰(John Wesley Powell) 소령은 건조한 서부지역에서 토지의 배정은 물의 유용성에 따라 하여야 한다는 방법으로 정착하기 위한 그의 제안에서, 이 구성원리를 분명히 인식하였다. 1889년 8월 9일에 헬레나의 몬타나 스테이트후드 컨벤션에서 말한 것에 의하면, "그는 새로운 몬타나 주에서 군의 경계를 획정함에 있어 군의 경계가 지도 위의 임의의 정치적 경계선에 의한 것보다 수문학적 유역의 경계에 의해 수립되어야 한다고 제안하였다. 이러한 유역은 이미 그의 조사반에 의해 서부의 다른 부분으로 몬타나 주 안에 구획되어져 있었는데, 이것이 자연 지리적이고 지형적인 단일체였다. 그것들은 또한 정치적이고 경제적인 단일체이기도 하다."[37] 포웰(Powell)은 서부의 파괴되기 쉬운 생태를 반영한 농가와 물을 만들기 위한 법의 제정요구를 미리 예견하였다.

샌프란시스코만의 지역에서 행해진 사업은 이 원리의 현대적인 적용을 보여준다. 지리학자 조쉬 콜린즈(Josh Collins)는 모기퇴치지역과 함께 미국 해군 지역의 70 에이커의 습지에서 본래의 프랙탈 배수체계에 근접하려고 노력하면서 일한 적이 있다. 그 습지가 도로에 의해 훼손된 후에, 그곳은 약간의 정체된 물을 품기 시작하였다. 그 물은 모기들을 위한 산란장소가 되었다. 이런 고여 있는 물을 제거하기 위한 시도에서, 초기 모기퇴치 노력은 추가적인 배수도랑을 파는데 중점을 두었다. 조수 흐름의 증

37) Wallace Stegner, *Beyond the Hundredth Meridian: John Wesley Powell and the Second Opening of the West* (New York: Penguin Books, 1992), 315.

가가 동반되지 않은 이러한 도랑들은 너무나 효율적이어서 물이 자연 도랑의 상류지역까지 더 이상 들어가지 않았다. 상류지역의 도랑이 채워지는 정도에 따라 물웅덩이가 발생하게 되는데, 모기퇴치를 위한 노력은 바로 그 웅덩이의 발생을 피하고자 하는 것이다. 콜린즈(Collins)는 "모기 감소를 위한 이전의 도랑들은 그 문제를 완화하지 못했다"고 지적하고 있다. 사실, 가장 넓은 도랑 연결망을 갖춘 습지들은 종종 가장 많은 모기를 발생시킨다. 이것은 이러한 도랑의 수, 크기, 배치가 습지의 지형상과 조류의 수문학과 관계에서 설정되지 못하였기 때문이다."[38] 전체 조류 흐름을 증가시키면서, 배수 도랑을 구별된 배수 유역과 연결시키면서, 또한 새로운 도랑을 첨가하면서, 콜린즈(Collins)와 그 동료들은 습지의 배수 지천의 기하학과 조류 흐름의 특성과의 본래 적합성을 부분적으로 복원할 수 있었다. 새로운 시스템은 잘 작동하고 있고, 습지는 모기가 없을 뿐 아니라 그곳에서 전에 보지 못하던 바다 새들도 몰려들고 있다.

지질 과정들도 해안선들, 군도들, 산들, 유역들, 단층선들, 광물매장들 등으로 프랙탈 시스템의 다양성을 만들면서, 축척의 방대한 범위에 걸쳐 자기유사성의 방법으로 작용하고 있다. 식생은 특정한 미기후와 일단의 토양상태를 선호하는 각각의 식물과 함께 이러한 프랙탈 경관 형상에 반응한다. 차례로 식생은 동물 서식처와 생태계 구조의 주된 결정요인이다. 프랙탈 지질 형태는 궁극적으로 프랙탈 서식처에 반영된다.

그들이 습지의 배수체계의 기하학을 무시하였기 때문에 초기의 모기퇴치노력이 실패한 것과 똑같이 현재의 정치와 계획의 경계는 경관의 내재

38) Vicki L. Kramer, Joshua N. Collins, and Charles Beesley, "Reduction of Salt Marsh Mosquitoes by Enhancing Tidal Action," *Proceedings of California Mosquito Vector Control Association* (1992): 21.

된 구조와 흐름을 반영하지 못한다. 이것은 마치 혈세포가 신체의 한 부분에서 다른 부분으로 이동할 때 여행 비자를 얻어야만 한다는 것과 같다. 우리의 유역들은 마을들과 군, 주, 나라들에 의해 나누어져 있다. 미국과 캐나다 국경을 나타내기 위하여 깨끗이 제거된 식생대의 띠는 위성사진에서 보여지는데, 이것은 생태학적으로 경관상의 의미 없는 선이고 그렇지 않으면 미묘한 조화를 이루며 채워질 곳이다.

25년 전, 조경가이며 계획가인 이안 맥하그(Ian McHarg)는 계획가들에게 생태적으로 민감한 지역을 추출하는 것을 돕기 위한 의도로 제약조건 지도체계를 제안하였다. 환경계획의 더욱 반응적인 방법을 모색하기 위한 그의 의도는 오늘날까지 유용한 것으로 남아 있다. "계획이 있는 곳에, 계획의 단순한 도구는 조닝이고 이러한 장치에 의해 정치적 필지구분이 지질이나 지형상, 수문, 토양, 식생, 경치, 역사적 아름다움과 무관한 밀도에 의해 구획되어진다. 생태적 방법의 적용은 적어도 사람을 위해 자연이 만들어 놓은 오픈 스페이스 구조를 창출한다. 아니면 개발이 위험하다는 것을 알려준다."[39] 시간이 흐르면 아마도 우리는 하나의 지역에 고유한 지질, 수문, 토양, 식생의 통합성과 연속성, 흐름과 기하학의 어울림을 식별할 수 있을 것이다.

우리의 생태적 위기는 부분적으로 경관의 한계에 맞는 에너지와 물질의 인간적 흐름의 조화를 꾀하지 못했기 때문에 기인하였다. 경관의 기하학은 경작지나 미네랄, 습지, 숲, 그리고 다른 일차적인 자원의 배분에 잘 나타나 있다. 우리는 이 기하학을 따르지 않았다. 우리는 지역적 한계를 넘었고 너무 거리가 먼 생태적 보조에 의지하였다. 좋은 예는 로스앤젤레스

---

39) Ian McHarg, *Design with Nature* (Garden City, N.Y.: Natiral History Press, 1969), 161.

나 피닉스, 라스베가스 같은 사막도시에서 생명을 유지하기 위하여 방대한 물을 끌어다 쓰는 프로젝트에 의해 제공된다. 장소의 한계를 인식하는 것에 대해 거부하는 것은 여러 관점을 가지지만, 이것 역시 설계 관련 주제이다. 만약 우리가 프랙탈적인 경관 위에 데카르트 그리드를 부과한다면, 정주공간은 아주 크게 되거나 작아질 것이며, 흐름은 현명한 스케일로서 작용하지 못하고, 우리는 우리가 의존하는 생태적 자원에 타협할 것이다.

그림 3 • 호쿠사이의 대형파도, 이 그림에서 많은 차원의 축척에서 자기유사 형태의 파도를 보여준다.

반대로, 경관 위의 흐름을 자체의 고유한 기하학에 조화를 시킴으로, 우리는 우리를 위해 작동하는 생태적 패턴을 가질 수 있다. 우리는 인공적 우수 배수로 대신에 자연적 배수체계를 사용할 수 있고, 하수종말처리장 대신에 습지를, 외래종보다 자생종을 사용할 수 있다. 우리는 장소의 기하학과 설계, 주거의 견고한 수렴을 향해 일할 수 있다.

우리는 구름, 산, 강의 연결망과 같은 프랙탈 경관에 의해 둘러싸여 있고, 확실히 이것은 프랙탈 기하학의 특성인 다중적 스케일의 엮기와 조화를 위한 선호에 우리를 놓이게 한다. 이 기하학은 우리에게 새로운 종류의 주의를 가르쳐 주는데, 그 한 가지는 "경관은 살아있는 형태가 진화한 도가니이고, 경관이 프랙탈과 함께 마주친 이후로 그곳에서 발생한 형태도 마찬가지로 프랙탈이다"[40]라는 것이다. 이 기하학은 우리에게 자연은 끊임없이 스케일을 연결하고 있고, 하나의 춤사위 속에서 푸른 고래의 호흡과 참나무의 광합성을 함께 엮고 있다는 것을 생각하게 한다.

스케일을 가로지르는 설계대화 만들기

우리의 스케일을 가로지르는 설계통합의 현재 수준은 각 철로마다 철로의 간격이 다른 19세기 중반의 미국 철도의 낭비와 닮은꼴이다. 용감한 대륙 횡단 여행자는 철로 간격이 다르므로 빈번하게 기차를 갈아타야만 한다. 건축가, 도시계획가, 산업 디자이너 그리고 모든 종류의 설계전문가들은 그들 자신의 간격, 그들 자신의 관심과 전문성에 의한 스케일에 집착하고 있다. 물론, 각 분야는 다른 스케일에서 작용하고, 특정한 전문화된

40) Briggs, *Fractals*, 36.

지식 안에서 협동하나, 각각은 학문적 경계를 가로지르는 스케일을 연결하는 과정의 일반적 배경 내에서 작용하여야 한다. 도전은 스케일의 다른 차원에서도 작용하는 설계자들의 통찰력을 연결하는 대화를 도출해 내는 것이다. 공유된 대화 즉 일반적 간격기준이 없다면, 우리는 경직되고 분리적인 학문분야의 특성 즉 중복된 목적을 달성하고자 하는 설계와 상호 몰이해에 의해 야기되는 비용문제에 계속 직면하게 될 것이다.

반대로, 생태설계는 특정한 스케일에 고정되는 것은 아니다. 이것은 강한 생태적 제약조건에 대해 그들을 시험하면서 다양한 설계 관점, 그리고 그들이 나타내는 다른 스케일들을 통합하는 길을 제공한다. 우리가 다중 스케일을 가로지르는 설계를 연결한다면, 기회요소가 생긴다. 예를 들면, 우리는 환경계획가가 오픈 스페이스뿐만 아니라, 수 백 킬로미터 떨어진 생물 보호지역을 연결하기 위하여, 중요한 야생생물 생태통로를 위해 계획하는 것을 발견한다. 비누를 설계할 때, 잘 씻겨질 뿐 아니라, 생물학적으로 토양과 하천에도 무해한 방향으로 할 수 있을 것이다. 새로운 유리창을 매다는 기술, 건물재료로서 적절한 선택, 민감한 태양열 집열판 배치가 재래적인 난방 체계를 위한 요구를 줄일 수 있을 것이다. 각각의 경우에서, 보다 넓은 설계 대화가 자연과 함께 하는 심층적인 통합 설계를 가능하게 한다.

토론토 부두의 미래를 위한 왕립협회의 작업이 정치적 관할과 전형적으로 대립하는 전문가들을 가로지르는 설계를 위한 훌륭한 모형을 제공한다. 1988년 이후로, 그 협회는 계획에 있어서 "생태계 접근방법"을 시민 단체와 다양한 정부기관에 함께 공유하도록 하였다. 협회의 마지막 보고서인 *재생: 토론토 부두와 지속가능한 도시*에 따르면, 이 접근방법은

• 부분이 아닌 전체 체계를 포함한다.
• 사진처럼 정지된 것이 아닌 움직이는 그림을 나타내는 생태계의 역동적인 자연을 인식한다.
• 광범위한 환경의 정의 즉 자연적, 물리적, 경제적, 사회적, 문화적 정의를 사용한다.
• 도시와 농촌의 활동을 포함한다.
• 정치적 경계에 의하지 않고, 유역과 같은 자연 지리적 단위들에 기반을 둔다.
• 모든 차원의 활동 즉 지방적, 지역적, 국가적, 국제적 활동을 포함한다.41)

토론토 유역은 많은 다른 스트레스에 의해 영향을 받고 있다. 매우 부족한 열거를 들더라도, 공장과 하수처리장에서 발생하는 유출, 농지 침식, 배수구에 버려지는 가정에서 사용된 독성물질들, 고도의 도시화지역에서 발생하는 스모그와 산성비, 인공화된 계곡, 개발에 따른 서식처 단편화, 숲의 감소 등이다. 협회는 "녹색 기반시설구조"를 인식하면서 반응하기를:

> 자연 체계를 위한 요구와 함께 시작한다면 어떻게 될까? 자연 대신에 얼마나 많은 토지가 배치될까? 다른 종류의 오픈 스페이스의 양은? 어떤 생태적, 미적, 도시설계적, 레크리에이션적 기능을 채울 수 있나?
> 이것은 완전히 연결되고 연속적인 "녹색 기반시설구조"를 사용하면서 도시

41) Royal Commission on the Future of the Toronto Waterfront, *Regeneration: Toronto's Waterfront and the Sustainable City: Final Report* (Toronto: Queen's Printer of Ontario, 1992), xxii.

형태를 구조화하는 다른 방법으로 인도할 것이다. 이 녹색기반시설구조는 자연체계에 기반을 두고, 오픈 스페이스 즉 건물이 없는 곳일 뿐 아니라 토지가 스스로의 권리에 따라 이용되는 장소를 인식한다. 이것은 자연서식처 지역을 포함할 수 있다; 절벽, 계곡, 고원, 해변, 낭떠러지와 같은 토지형태들; 대수층과 지하수 재충전 지역들; 농촌토지; 유산경관; 공원, 등산로, 그리고 다른 오픈 스페이스; 그리고 고고학적인 대지들.[42]

녹색기반시설구조의 개념은 오염, 생물다양성, 유역의 건강에 대한 전일적인 접근방법에 대한 암시를 준다. 또한 유역은 조화된 통치와 상호교차적인 학제적 접근방법을 요한다는 것을 이것은 인식시켜준다. 게다가, 그 *재생* 보고서는 반복적으로 경계를 초월하는 환경문제를 해결하기 위한 기존의 정치적 계획적 관할권의 부적절함에 대하여 놀랍게도 솔직하다. 이것은 아래와 같이 기술한다. "과거에는 의회나 행정부의 지방 압력이 관할 구역을 가로지르는 것에 대하여 무감각하도록 만들었다. 모두에게 부과된 것은 아무에게도 부과된 게 아니다."[43] 협회의 작업은 설계 학제간의 의미 있는 대화를 창출하는 희망적인 시도이다.

스웨덴의 내추럴 스텝기구는 야망적인 사업에 착수하였다. 또한 환경위기에 대한 근원적인 원인에 대한 강력한 상호교차적인 학제간의 과학적 공감대를 만들었다. 이 기구는 공유된 이해와 비전을 위해 여러 분야로부터 과학자들과 전문가들을 함께 하도록 하였다. 그 결과는 아름답고 단순하게 쓰여진 소책자에 요약되었으며, 이 소책자는 스웨덴의 각 가정에 배달되었다. 이 기구는 정책입안가들과 사업가, 일반적인 시민들에게 깊은

42) Ibid., 78.

43) Ibid., xxii.

영향을 끼쳤다. 창립자인 로베르트(K.-H. Robèrt) 박사는 이러한 사업을 위한 동기를 기술한다.

> 지금까지, 환경에 대한 많은 토론은 죽어가는 나무의 시들어가는 잎 사이에서의 원숭이 수다와 같은 특성을 가졌다. 즉 그 잎들은 특정적인 분리된 문제들을 나타낸다. 우리는 마치 풀 수 없는 어마어마한 질문에 맞닥뜨려 있다. 잎에 관한 이 모든 수다의 한가운데에, 우리들 중 극소수만이 환경 나무의 본체와 줄기에 대해 주의를 기울이고 있다. 그들은 논쟁이 거의 없거나 아예 없는 것에 대한 과정들의 결과와 같이 악화시키고 있다. 많은 논쟁의 주제인 수천의 개별적인 문제들은 사실, 사회의 기초를 흔드는 체계적 에러의 결과이다.[44)]

토론토 부두와 내추럴 스텝 사업 둘 다 자연과정의 고유한 스케일을 연결하는 것을 반영하는 대화들이다. 그들은 언어와 태도, 다양한 과학적 설계적 학제 간의 분리로 인한 공포 간의 다리를 놓아준다. 생태설계는 유사한 대화를 위한 하나의 초대이다. 이것이 없다면 우리는 또 다른 문제를 야기하는 단지 조각난 해결책을 발견하기를 계속할 것이다. 우리는 전체적인 것을 파괴하기를 계속할 것이다. 반면에, 선량한 신념을 가지고 이와 같은 대화를 시작한다면, 우리는 생명자체의 복합성과 다양성을 충분히 경외하는 뉘앙스를 가진 설계들을 발견하기 시작하게 될지 모른다.

---

44) K.-H. Robèrt, "Non-Negotiable Facts as a Basis for Decision-Making," a working paper for the Natiral Step Foundation, Amiraliteshuset, Sweden, 1-2.

제2장
생태설계 과정

퇴비용 옥외 변소이야기

2장에 있는 절들은 생태설계의 5개의 광범위한 원리들을 소개한다. 첫 번째 원리는 설계를 장소의 세밀함에 근거한다는 것이다. 웬델 베리(Wendell Berry)의 말 속에, 우리는 다음과 같은 사항을 질문할 필요가 있다고 했다. "여기에는 무엇이 있나? 자연이 우리에게 여기서 무엇을 하도록 허용할 것인가? 자연이 우리에게 여기서 무엇을 하도록 도울 것인가?"[45]이다. 두 번째 원리는 주어진 설계의 생태적 영향을 평가하기 위한 기준들을 제공한다. 세 번째 원리는 이러한 영향들이 자연과 함께 하는 작업을 통해서 저감될 수 있다는 것을 제안한다. 네 번째 원리는 생태설계는 전문가의 작업이 아니고 공동체 구성원 모두의 것이라는 것을 함의한다. 다섯 번째 원리는 효율적인 설계가 배움과 참여의 지속적인 가능성을 제공하면서 인식의 전환을 가져올 수 있다는 것을 말해준다.

모두 함께, 이러한 5가지 원리는 생태와 설계의 통합에 관하여 우리가 생각하는 것을 도와준다. 그들은 외관상 겸허한 사례에 의해 이미 그려질

45) Wendell Berry, *Home Economics* (San Francisco: North Point Press, 1987), 146.

수 있다. 그것은 퇴비용 옥외 변소이다.[46)]

60년대 말기와 70년대 초기에, 많은 젊은 사람들이 자연과 가까이 하면서 자족적인 삶을 누리고자 하는 그들의 꿈을 실현시키기 위해 도시를 빠져나와 농촌으로 이주하였다. 심(Sim)과 그의 가족들도 귀농인 중에 포함되어 있었다. 농부와 건축가로서 그는 집을 짓고, 샘과 정화조, 건축법규, 지방 관공서식과 관련된 일을 처리하고자 하는 새로운 귀농인들을 돕기 위해 불려가곤 하였다. 일반적인 문제들 즉 돈의 부족은 제쳐놓고서도 물의 공급과 적절한 토양의 불가용성, 오수를 침투시키고 거르기 위한 밭의 조성을 위한 경사 등이 있었다. 많은 농부들은 계절적인 샘에서 빈약한 양의 물을 쥐어짜기 위해 열심히 작업하였으나, 그 물 대부분은 수세식 화장실의 물을 대기도 부족하였다.

생태적 인식에 대한 심(Sim)의 전환은 몇 년 전에 일어났는데, 그의 아래층 아파트에 세 들어 살고 있는 대학원생 월터(Walter)가 한 잔의 커피를 위해 왔을 때였다. 심(Sim)은 커피를 갈고 남은 찌꺼기를 음식쓰레기, 깡통들, 병들, 바나나 껍질들, 스테이크 뼈들, 그리고 남은 오트밀로 채워져 있는 쓰레기깡통에 버렸다. 월터(Walter)는 그의 코를 찡그리며 불쾌하지 않은 메스꺼운과 함께 심(Sim)을 쳐다보면서, "퇴비 만드는 방법을 모릅니까?"하고 물었다. 그들은 쓰레기를 뒤져서, 유기쓰레기를 재분류하여, 그것들을 마당으로 가져가, 낙엽과 잔디 깎고 남은 것과 푸석푸석한 흙을 그 위에 덮었다. 수일 걸러 매일 심(Sim)은 유기쓰레기와 흙, 정원에서 나오는 부스러기를 더미가 90센티미터 될 때까지 계속 추가하였

46) 퇴비 옥외 변소에 관한 정보는 *The Toilet Papers* by Sim Van der Ryn (Ecological Design Press, 1995: Suite 185, Ten Libertyship Way, Sausalito, CA 94965).

다. 월터(Walter)가 졸업하기 한 달 전까지 심(Sim)을 도우고 가르쳐주었다. 한 달 후 더미를 뒤집었다. 바닥에는 풍부하고 무른, 흙냄새가 나는 퇴비가 있었다.

심(Sim)은 나중에 버클리에서 통합적인 도시주택으로 알려진 도시생태환경의 모델이 되기 위한 오래된 집을 다시 설계하고 재구축하는 것을 도와주었다. 그 집은 2개의 퇴비용 통을 가지고 있는데, 각각 약 90센티미터 곱하기 90센티미터이다. 잘 관리된다면 그들은 최고로 작용한다. 그 집은 역시 "퇴비용 화장실"의 원형인 스웨덴의 빙하호수 주위에 세워진 여름 오두막에 사용하기 위하여 기술자에 의해 고안된 클리브스 물투룸(Clivus Multrum)을 가지고 있다. 얇은 토양층과 호수 가까이에 위치한 오두막은, 일반적인 정화조와 배수구와 함께 구멍 뚫린 파이프를 통해, 오수를 흩어서 거르는 밭을 설치하는 것을 불가능하게 만들었다. 통합도시주택의 클리브스 물투룸은 파이버글라스로 만들어진 어색한 신안이었는데, 지하에는 약 3미터 곱하기 1.2미터의 탱크가 있다. 커다란 관이 위로 뻗어 올라와 변기 좌석에 연결되어 있고, 더 작은 관은 유기쓰레기를 받기 위하여 부엌에 연결되어 있다. 그 탱크의 바닥은 토탄으로 깔려있다. 쓰레기가 관을 통해서 떨어지면 빙하처럼 천천히 분해되기 시작하여 전면 판넬 쪽에서 꺼낼 수 있도록 된다.

클리브스 물투룸의 크기와 비용은 자작농부들에 의해 사용되어지기에는 적절하지 않았다. 퇴비 통은 훨씬 유용한 모델이었다. 만약 가정용 쓰레기가 퇴비용 통에서 성공적으로 퇴비화 된다면 인간에 의한 쓰레기도 마찬가지라는 아이디어이다. 그리하여 심(Sim)은 퇴비용 통의 제거할 수 있는 널조각과 나무뼈대 대신에 콘크리트 블록 벽과 슬라브를 사용하면서 가정용 퇴비화 옥외 변소를 퇴비용 통의 설계에 기초하여 설계하였다. 첫 번째 퇴비변소가 그린 굴치 농장과 마린 군 근처에 있는 사찰에 세워졌다. 곧 심(Sim)의 이웃이 하나를 만들었고, 사람들이 평면도를 요구하기 시작하였다. 이 시스템의 미덕은 매년 화장실에서 소모되는 만에서 만 오천 갤런의 물을 절약할 수 있다는 것이다. 이것은 대규모 거르는 밭의 요구를 감소시켰으며, 말 그대로 사람들이 그들 자신의 똥에 대하여 책임지게 만들었으며, 이러한 아이디어는 자유주의자, 유기적 순수주의자, 무법적인 건축자들, 그들의 일상생활의 모든 점을 재설계하고 재시험하는 데 열중인 사람들에게 매력적인 것이었다.

많은 농촌의 군에서 퇴비용 옥외 변소는 불같이 번져갔고, 지방 건강 행정부는 움츠러들었다. 여러 해 동안, 미국에서 물질적 진보의 공식적 척도는 통계조사에 의해서 계산되는 수세식 화장실의 숫자였다. 현재 그러한 견고하고 앞으로 나아가는 어떤 움직임이 유기적 실내 옥외 변소에 의해 위협받고 있다! 게다가 새로운 설계가 입법된 규준과 기준을 위협하고 있다. 어떤 환경학자들은 새로운 개발을 제한하는 물의 사용에 기초한 정화조/정화밭 시스템을 위한 재래적 기준들에 의지하고 있다. 건축법은 수세식 화장실과 3.6미터의 전기식 배출구를 갖추어야만 거주 가능한 주거로 정의한다. 쓰레기 폐기를 통제하는 규제들은 대안적으로 허용되는데, 그 누구도 그것에 대하여 이의제기하는 사람이 없다.

시간이 흘러, 캘리포니아 주정부 건축가와 주의 적절한 기술청의 이사라는 직분이 그로 하여금 시대착오적이고 부적절한 규제들을 검토하게 하였다. 퇴비용 옥외 변소와 관련된 건강위험의 주된 연구가 시작되었다. 그 연구는 그들이 건강 위험에 전혀 노출되지 않았고, 연구된 많은 단위들에서 퇴비화가 적절히 진행되지 않았음에도 불구하고, 옥외 변소들은 쓰레기를 안전하게 수집하고 저장하는 것으로 보고되었다. 해가 갈수록, 퇴비용 옥외 변소는 전 세계적으로 사용하기에 이르렀다. 사람들은 추운 기후 조건이나 그들이 처한 상황에 맞게 설계를 조정하였으며, 습도를 조절하기 위한 새로운 방법을 개발하였으며, 다양한 다른 설계 진전을 이루었다.

장소로부터 자라는 해결책들

미국과 유럽의 옥외 퇴비용 화장실은 사용자에 의한 가치평가와 함께, 특정한 대지 상황과 제약으로부터 성장하였다. 오늘날, 많은 설계 기회와 가능성들은 예상되는 규모의 경제, 장소로부터 배우는 것의 무지, 중앙 집중화와 규격화의 신조아래 희생되고 있다. 많은 곳에서, 일반적 지식은 장소로부터 배우는 것에 대하여 반대로 작용하고 있다. 예를 들면, 많은 지방행정부는 한사람이 자기 자신의 소유인 땅에서조차, 영구적 구조로 집을 짓기 전에 캠핑하는 것을 금하고 있다. 가장 아름답고, 적절하고, 검약한 집들의 일부는 건축가나 장인에 의해서 지어진 것이 아니라, 그 장소의 특성과 특정한 지식을 발전시키면서, 본래적이고 유일한 설계반응을 배운대로, 오랜 시간 그들의 집을 가꾸어 온 사람들에 의해 지어졌다.

생태적 수지(收支)가 설계를 결정한다

물에 의한 운반이나 희석을 요구하지 않는 사람에 의한 쓰레기를 재순환하는 방법을 개발하려는 자극이 일반적 오수처리체계의 믿을 수 없는 낭비의 이해로부터 초래하였다. 이러한 체계는 막대한 양의 물과 영양소, 에너지를 소비하고, 극도로 비용이 많이 들고, 민물과 바닷물 서식처에 피해를 초래한다. 모든 경제적 비용의 세심한 고려 없이 시행되는 일반적인 설계는 하나도 없다. 마찬가지로, 자원의 고갈과 오염, 서식처 파괴와 같은 모든 생태적 비용의 세심한 고려 없이 시행되는 생태설계도 있을 수 없다. 하나의 설계에 의한 생태적 영향의 모든 장치를 추적하는 것이 분명히 그러한 영향을 최소화하는 선행조건이다.

자연과 함께 하는 설계

음식쓰레기가 퇴비가 될 때, 자연 안의 본질적인 구조가 보여진다. 자연에서, 물질은 지속적으로 그들의 기본적인 구성요소 형태로 쪼개지고, 새로운 생명체의 형태로 만들어진다. 옥외 퇴비용 화장실의 사례에서 나타난 바와 같이, 자연의 분해 작용을 적용하는 것은 일반적인 방법과는 근본적으로 다른 설계 해결책을 제공한다. 살아있는 세계에 적응된 과정과 양식에 작용함으로써, 우리는 설계의 생태적 영향을 극적으로 감소시킬 수 있다. 설계에서 자연의 과정에 합동하고자 하는 의도에서 배운 주된 것은 모든 참여자 즉 설계자들, 건축자들, 건축주들, 사용자들의 경험에 의해 풍부해지고 활기차게 보여지는 것이다.

모두가 설계자

옥외 퇴비화장실 설계는 하나의 문제에 대하여 사람들에게 듣는 것으로부터 진화하였다. 거기에는 "건축주"도 "직업"이라는 개념도 없었다. 하나의 설계가 진화되고 채택되었다. 왜냐하면 그것은 공유된 가치와 환경과 함께 하는 특정한 사람들의 공동체의 요구에 딱 들어맞기 때문이다. 이러한 경우에는 종종 설계자와 참여자, 사용자의 구분이 사라진다. 가장 좋은 설계 경험은 아무도 그 해결책에 대한 영예를 주장하지 않을 때 일어난다. 그것은 해결책이 특정한 상황이나 과정, 소통의 양식으로부터 유기적으로 진화하고 자랄 때이다.

자연을 보이게 하기

옥외 퇴비화장실이 물을 보존하고, 영양소를 재순환시키고, 부서지기 쉬운 땅을 보호하고, 돈을 절감하기 위해 설계되었지만, 그것의 가장 지속적인 효과는 다른 곳에 있었다. 우리가 만난 거의 모든 사용자들은 이러한 기술을 사용하고, 또한 건축하는 결과로부터의 배움을 이야기한다. 그 경험은 항상 즐겁지만은 않았다. 그곳에는 때때로 강한 냄새와 많은 액체가 있었고, 사용자는 그 더미를 뒤집고 관리하기 위하여 많은 노력을 기울여야만 하였다. "수세하고 잊어버리기" 기술은 책임감과 양심에 걸린다. 아직 옥외 퇴비용 화장실에 대한 반응은 긍정적이다. 심(Sim)은 어떤 프로젝트보다도 옥외 화장실에 대한 많은 사려 깊은 편지와 제안을 받았다. 그 설계는 사람들의 참여를 요구하였다. 그리고 그 참여는 반드시 그들을 그들 자신의 생물적 과정과 함께 연결시킨다.

장소로부터 자라는 해결책들
– 제1원리

생태설계는 특정한 장소의 친밀한 지식으로부터 시작한다. 그러므로 그것은 작은 스케일이고 직접적이고, 국지적 사람과 상황에 대하여 반응적이다. 만약 우리가 장소의 뉘앙스에 대하여 민감하다면, 우리는 파괴 없이 거주할 수 있다.

전통문화 속의 지속가능성

563년에 성 콜룸바(Columba)는 켈트족의 그리스도정신의 핵심과 함께 작은 노 젓는 배를 타고 아일랜드를 떠났다. 그는 마침내 스코트랜드의 서부 해안으로부터 떨어진 헤브라이드 만에 있는 작은 이오나 섬에 닿았다. 이오나 섬을 걸을 때, 그 사람은 경관이 주는 친밀함에 충격을 받는다. 모든 언덕, 연못, 해안, 동굴, 만, 암석, 오두막은 그의 이름 속에 그 역사를 지니고 있다. 예를 들면, 듀니는 작은 연못을 가진 "이오나의 언덕 요새"라는 뜻이고, 토바르나 하토세는 "영원한 젊음의 우물"이라는 뜻이다. 고대의 대리석과 사문석 암은 가라난 아길 항, 즉 "젊은이의 바위 항"이라는 뜻의 항구에서 발견된다. 가라드 두브 스타오나이그, 즉 "스타오닉의

검은 남자"라는 말은 대지의 등고선 위에 미끄러지듯 달려가는 돌과 흙의 벽이다. 세대가 지남에 따라, 가마우지가 우아만 스가드, 즉 "가마우지 동굴"이라는 곳에 둥지를 틀기 위해 바다를 건너왔다.

이오나의 경관은 지속적으로 그곳의 형상에 따른 명명 하에 불려진다. 이 친숙한 장소의 지식은 성스러운 샘, 가마우지 둥지, 고대의 암석 등의 생태설계를 위한 출발점이다. 이것은 장소의 특정성에 조율된 국지적 지식이다.

전통의 장소 중심적인 문화는 물, 음식, 거주지, 물질, 연료, 약품, 정신적인 물건 등 거의 모든 것을 위한 그들의 직접적인 환경에 기인한다. 살아있는 세계와 함께 이 상호의존성을 부인하는 대신에 그들은 이를 축복하였다. 장기간 존속할 수 있는 유형 위에 구축된 지속가능성은 일상의 살가움 속에 짜여져 있다. 트와 푸에블로의 교육자 그레고리 카예트(Gregory Cajete)의 어휘 속에, "각 장소는, 미국 원주민들이 적극적으로 그들의 숭경하는 환경에 관여하고, 이 관여는 그들의 장소에서 모든 것과 함께 참여자가 된다. 그들은 그들의 장소들에 영향을 미치고, 그들의 영향이 그 장소의 모든 살아있는 것과 그들 장소의 신성함을 위한 겸손과 이해와 존경으로 수행된다는 것을 이해하고 있다."47) 이야기들, 의식들, 규정들은 이러한 문화의 구성원들에게 그들 장소의 상세한 지식을 제공한다.

이 지식은 장소 그 자체로부터 유기적으로 자란다. 시인 게리 스나이더(Gary Snyder)는 이것을 잘 표현한다. 당신은 "당신의 이웃인 사람들의 역사들과 당신의 시야에 들어오는 바위와 하천, 산, 나무에 관한 이야기들

---

47) Gregory Cajete, *Look to the Mountain: An Ecology of Indigenous Education* (Durango, Colo.: Kivaki Press, 1994), 87.

을 듣는다. 천지창조의 신화는 그 산이 어떻게 만들어졌으며 그 반도가 어떻게 그곳에 오게 되었는지를 말해준다."[48] 이 지식은 장소의 맥박을 감지하는 기술을 제공하고 그곳의 건강을 낳는다. 이것은 일상의 이동 중에 만나는 피조물과 마시는 물과 걸어 다니는 길에 대하여 관심을 기울인다. 이것은 모든 이에게 접근 가능하게 하며, 배움의 일생 동안 점진적으로 쌓여간다.

불행하게도, 우리 대부분은 특정 장소들에 대한 특정 지식과 함께 하는 고리를 잃었고, 그 결과는 모든 고속도로에서 보여지는 장소성 없는 확장이다. "대부분의 미국인을 위해", 스나이더(Snyder)가 말하기를, "고향의 느낌을 주게 하는 것은 익숙하지 않은 훈련일 것이다. 오늘날 어떤 곳으로부터 온 사람이라는 것에 대하여 말하는 사람은 거의 없다. 같은 계곡에서 일생을 보내거나, 어린 시절부터 아는 사람들과 함께 일생 일하는 사람들은 거의 없다."[49] 생태설계는 다시 한 번 우리의 장소를, 그곳의 즐거움과 특이성, 그곳의 물과 바람, 그 곳의 맥박과 역사를 책임질 것을 요구한다.

제리 맨더(Jerry Mander)의 책 *성스러움의 결여: 기술의 실패와 인디언 국가의 존속*은 자생적 지식체계의 존속적인 가치를 위한 강한 사례를 만들고 있다. 맨더(Mander)는 캐나다 북극지역의 엘스미어 군도에서의 이누이트족의 순록 사냥에 관한 교훈적 이야기를 들려준다. 일반적으로 훈련된 정부 야생생물 관리자들은 이누이트에게 단지 크고 숫 순록만 사냥할 것을 말했다. 이누이트는 이것은 그 순록 떼에게는 재앙이 될 것이라고 반박하였다. 그러나 그들의 의견은 무시되었다. 이누이트의 예측은

48) Gary Snyder, *The Practice of the Wild* (San Francisco: North Point Press, 1990), 26.
49) Ibid., 25.

정확하였다. 전년도보다 적은 사냥 개체수의 제한에도 불구하고, 개체수는 극적으로 떨어졌다.

이누이트 사냥꾼들은 극한 상황에서는 늙고 큰 동물들이 그 집단의 존속을 위해서는 매우 중요하다는 사실을 알고 있었다. 그 동물들은 겨울의 눈 속에서 먹이를 위하여 헤쳐 나갈 수 있는 물리적 힘과 경험을 가지고 있기 때문이다. 그 이누이트의 지식은 순록의 행태에 대한 세심한 관찰에 근거하며 순록 떼의 지속적인 관리를 위한 적절한 기초지식이다. 맨더(Mander)가 결론 내린 대로, "공동체의 경험에 기초한 지식의 총합은 그 넓이와 깊이에 있어 놀라운 것이고, 종종 이러한 동일 개체수에 대한 과학적 연구로부터 얻어진 약한 데이터와는 대비된다."[50] 이러한 관점에서, 이누이트족이 살기 힘들고 환경이 부서지기 쉬운 북극지역에서 수천 년 동안 생존하였다는 것은 아마도 덜 놀라운 일일 것이다.

태평양 북서쪽의 오래된 문화 중의 하나인 쿠와키우틀족은 살아있는 나무로부터 목재를 수확하는 놀라운 형태의 벌채를 시행하여 왔다. 나무가 베어지면, "그것은 '죽었다'고 간주되는데, 그러나 판자들이 취해지는 살아서 서있는 나무는 '구걸한다'고 한다. 곧게 뻗은 줄기는 지면 위에서 90cm 정도로 금을 긋고, 요구되는 판자의 길이만큼 상단 금을 긋는다. 상부의 금이 넓혀지고, 주목나무로 만들어진 쐐기가 그 틈 사이로 쳐서 들어가서 밑으로 내려가면, 지레역할을 하는 막대로 상부의 쪼개진 틈으로부터 하부로까지 찢게 되어, 나무를 죽이지 않고 새로운 판자를 얻게 된다."[51]

50) Jerry Mander, *In the Absence of the Sacred: The Failure of Technology and the Survival of the Indian Nations* (San Francisco: Sierra Club Books, 1991), 258-9.

51) Peter Nabokov and Robert Easton, *Native American Architecture* (New York: Oxford Univ. Press, 1989), 247.

이 단순한 방법과 비교되는, 파괴적인 개벌을 수반하는 변변찮은 방법은 태평양 북서부의 성숙림에서 나무들을 피 흘리게 하고 있다. 개벌은 반달 모양의 경관을 남기고, 나무가 없는 불모지는 그 장소에서 토양을 보존하지 못하고 야생동물을 부양하지 못한다. 두 가지 벌채 방법의 차이 즉 서 있는 나무로부터 구걸하기와 개벌은 근본적으로 지속가능한 문화와 지속가능하지 못한 것과의 차이이다.

식물학자 게리 나브한(Gary Nabhan)은 멕시코와 미국에서 자생적인 농업체계의 미묘한 것을 기록하는데 수 년 간을 보냈다. 이러한 체계들은 국지적 토양과 동물, 기후, 수문학, 식물의 유전적 특질에 대한 풍부한 지식을 나타내면서 절묘하게 장소에 반응한다. 그들은 종종 국지적 작물의 다양성을 나타내는, 유산이라고 불리는 것인데, "특정한 미기후와 토양에 몇 세기 동안 적응되어 온 뚜렷한 식물 군집을 나타내고 있다. 그들은 또한 민족 특유의 농업 상황에 맞게 선정되었는데, 그것은 그들이 일관되게 길러온 작물의 혼합, 밀도, 농지의 설계 등이다."[52] 예를 들면, 호피족의 푸른 옥수수는 구조적으로 8에서 12 인치의 깊이의 모래에서 수분을 이용할 수 있는 깊이에 심는 것이 적합하다. 이것이 남서부의 척박한 토양조건에서 그 옥수수를 번성하게 한다.

전통 농업체계는 전형적으로 잘 설정된 문화적 실천에 의해 유전적인 다양성을 고양시킨다. 나브한(Nabhan)은 이러한 실천의 중요성을 강조한다. "유산적 채소란 그 정의에 의해 오랜 세대를 걸쳐 가족 간에 혹은 씨족 간에 전수되어 온 것인데, 그것은 세기를 통하여 지속되어 온 잘 짜

52) Gary Paul Nabhan, *Enduring Seeds: Native American Agriculture and Wild Plant Conservation* (San Francisco: North Point Press, 1989), 71.

여진 실과 같이 문화 공동체 속에서 잘 나타나고 있다."[53] 식물과 사람의 많은 세대에 걸쳐, 자연과 문화의 조심스러운 동반자 관계가 변덕스러운 환경에 직면하여 공진화함으로써 강건한 다양성을 낳는다. 이러한 방법으로, 문화적 다양성과 생물적 다양성은 풀 수 없게 연계되어 있다.

인도의 많은 숲에서, 자생 수종과 그들의 다중적인 역할에 대한 국지적 지식이 농업과 임업의 효율적인 통합체계를 낳았다. 나무들은 오직 제한적으로 베어졌으며, 그들의 뿌리가 있는 토양에서의 역할과 수분 함양 역할은 잘 인식되어졌다. 잎들과 작은 나뭇가지들은 동물의 먹이와 녹색퇴비와 함께 요리에도 사용되어졌다. 약들이 제조되었고, 열매를 먹고, 씨앗들은 기름으로 만들어졌다. 나무 둥치와 큰 나뭇가지들은 집짓는데, 상업적인 땔감, 목재, 달구지와 농기구의 제조에 사용되었다.

이러한 숲에는 타마린드(열대산 콩과의 상록수), 빵나무, 퐁미아, 망고 등이 풍부한데, 이것들이 빠르게 단작식물인 유칼리로 빠르게 대체되고 있다. 숲으로부터의 근원적인 혜택의 범위가 상업적인 목재인 단순한 현금화 작물로 대체되고 있다. 왜 그런가? 이 경우, "과학적 임업"이라는 힘있는 지식체계가 시장성 있는 목재의 형태로 생산하지 않는 그 어떤 숲의 생산성가치를 인정하지 않기 때문이다. 임업가들은 목재의 이익에 대해서만 언급하는데, 그 고장 사람들의 반응은 "숲이 무엇을 낳는가? 토양, 물과 깨끗한 공기!"이다. 과학적 임업이란 숲에 거주하는 사람들의 국지적 지식과 달리 "농업으로부터 임업을 분리시킨다."[54] 같은 방법으로, 우리는 엔지니어링, 건축, 그리고 다른 설계분야에서도 그들에게 필요한 바로

53) Ibid., 72.

54) Vandana Shiva, *Monocultures of the Mind: Perspectives on Biodiversity and Biotechnology* (London: Zed Books, 1993), 14.

그 국지적 지식으로부터 분리시키는 것을 허용하였다.

열거한 이러한 예에서, 전통적인 문화는 그들이 의지하고 있는 생태계의 통합성을 유지하는 필요성에 의해 일상생활에서 가장 작은 부분까지도 구조화하면서 그들의 영속성을 지켜왔다. 이러한 문화들은 토지의 특정한 부분에 밀착되어 있는 것으로 행동들은 범지구적이라기보다 국지적 결과를 낳는다. 만약 생태적 한계에 도달하면, 재앙적인 수준의 자원 고갈을 곧바로 감지할 수 있으므로 되돌이키는 것이 가능하다. 사냥권이 일시적으로 취소될 수 있고, 토지는 한동안 휴한지로 남겨질 수 있다. 계절과 계절이 지남에 따라, 토지의 건강을 유지한다는 것은 지속적인 조정과 관심, 그리고 적절한 형태의 지식을 요구한다.

20세기 말에, 유해하고 파괴적인 기술들은 병 속에 다시 담아놓고, 현대 경관의 모든 관점에서 의문을 던지면서, 자연과 문화사이의 균형을 회복하려는 강한 요구가 생겨났다. 우리는 이것을 전통적인 문화 속에서 내재적인 생태적 지혜와 다리를 놓지 않고서는 할 수 없다. 카예트(Cajete)가 말하기를, "자생적인 사람들은 현대의 환경장치에 적용되고 회복되어야 하는 앎과 관계 맺기의 방법을 보여주었다."[55] 우리 자신의 기술적 문화에 내재된 제약조건과 가능성 속에서 장소를 보전하고 공경하는 전통적인 기술들을 적용하는 것이 생명을 유지하는데 꼭 필요한 것이다.

지속가능성을 집으로 가져오기

지속가능한 공동체를 구축하기 위하여 요구되는 기술들은 이미 우리의

---

55) Cajete, *Look to the Mountain*, 79.

일상 활동에 작동하고 있다. 단지 그것을 올바른 방법으로 사용하느냐 하는 문제이다. 당신의 정원이나, 당신의 자녀교육, 당신의 돈을 보살피는 것과 같이 조심스럽게 물과 에너지, 쓰레기, 토지를 보살피는 것을 상상해 보라. 만약 이러한 기술들이 일상생활로 짜여진 천의 한 부분이라면, 지속가능한 공동체를 구축하는 것은 가능하다. 멀리 떨어진 생태적 재난에 관한 것을 읽는 것과 토지 위를 직접 걸어보고, 침식된 하천 둑을 보고, 그 문제를 공동체에 주의를 환기시키기 위하여 들고 오는 것은 다른 일이다. 지속가능성은 책임감 있는 겸손한 행동에서 시작한다.

캘리포니아주의 버클리에서 도시생태학이라고 불리는 하나의 집단이 도시의 가로를 그들의 지표면에서 감추어진 토지에 대해 이야기하도록 만들기 시작하였다. 그 도시생태학 집단의 사람들은 복개된 가로 위에 개울에서 자라는 생물 즉 개구리, 도롱뇽, 연어, 다른 개울 서식종들을 형판으로 인쇄하고 도시 주변의 강우 배출구에 "**쓰레기 배출금지 - 바다만으로 배출 됨!**"이라는 명백한 경고문을 써 놓았다. 사람들은 자동차 오일을 버리면 그것이 개울로 들어가고 결국 샌프란시스코 만으로 배출된다는 것을 기억하면서 이제 더 이상 자동차 오일을 버리지 않는다. 하나의 방법으로서, 이러한 인쇄와 경고문은 전통적 문화에 본질적인 그 산과 이 개울에 대하여 깊은 경의를 환기시킨다. 버클리의 시민들은 한때 그들의 개울을 지하수로화 하였고 그들의 배수체계를 묻어버렸다. 그러나 지금은 다른 시민들에 의해 이러한 숨겨진 핏줄을 환기시키면서, 이 핏줄들의 건강에 책임지려고 노력하면서, 다른 사람들도 그 핏줄들에 대하여 생각하게끔 만든다.

이러한 각각의 행동은 다소 겸손하게 보이지만, 지속가능성의 문화 즉 사람과 생태계의 건강을 재생하는데 충실한 공유된 인식에 기여한다. 우리는 이미 전통문화들 속에 구현된 생태적 지혜 속에서 이러한 지속가능성의 문화를 만드는 지식을 물려받았다. 이 지혜는 만약 의식적으로 길러지고, 소중히 다루며, 지식으로 간주된다면 고도의 기술적인 문화에서도 뿌리를 내릴 수 있다. 지속가능성은 하나의 문화적 과정이므로, 평범한 사람들의 일상 행동에 달렸다.

우리는 지속가능성을 일상생활 속으로 통합되도록 잘 키워나갈 때, 이누이트의 사냥꾼이나 호피족의 경작자의 유형과 유사한 인식과 활동에 대한 유형을 발견하기 시작할 것이다. 그리고 여전히 우리 자신의 상황에 적합하여야 할 것이다.[56] 이러한 양식들은 고대의 이야기나 설화들이 그랬던 것처럼 우리에게 정보를 주고 길을 안내할 것이다. 만약 우리가 충분하고 풍부한 방법으로 이러한 양식들을 재창조할 수 있다면, 그것들은 여러 중요한 역할을 동시에 수행할 수 있다. 그것들은 우리의 장소와 우리 자신의 건강과 병듦을 감지할 수 있는 우리의 능력을 복원시키며, 그로 인해 우리의 행동의 효험을 판단하는 몇 가지 기준을 가지게 될지 모른다. 그것들은 접근 불가능한 기술언어의 포학성을 부수고, 공동체로 하여금 충분한 참여적인 방법으로 곤란한 논제들에 대해 함께 일할 수 있도록 한다. 그것들은 우리의 즉각적인 경험 속에서 우리의 확신을 약하게 한다기보다 오히려 강하게 할 수 있다. 그리하여 우리 자신의 인지에 관해 가슴 속에서 울려나오는 이야기를 할 수 있게 한다.

지속가능성이 외부의 힘에 의한다고 하는 것은 실패적인 생각이다. 지속가능성은 다른 상황 하에서 기계적으로 복제될 수 없다. 이것은 끝없는

56) 우리는 Katy Langstaff의 도발적인 개념인 "지속가능성을 위한 양식"을 빌려왔다.

형태로, 기술과 문화, 가치로 기워진 전체적인 조각보를 지속가능하게 한다는 확신을 심어주는 설계 가능성에 대한 다양성의 형태로 나타난다. 지속가능성을 집으로 가져온다는 것은 장소의 특별성에 꼭 들어맞는 지속가능성의 문화를 키우는 것일 것이다.

국지적 지식을 평가하기

국지적 지식은 적절하므로 가치 있다. 이누이트족이 순록과 살기 위해 필요한 무엇과 혹은 호피족이 옥수수를 키우는 그 어떤 것이 바로 국지적 지식이다. 국지적 지식은 기후, 식생, 나무, 동물, 물의 흐름, 장소의 질감을 만드는 모든 것에 관한 특정한 정보를 제공한다. 만약 우리의 설계에서 파괴적인 생태적 영향을 최소화하려면, 우리가 필요로 하는 것은 정확히 이러한 종류의 지식들이다.

우리들 중에 한사람은 전에 칠레 농부의 부인에 관한 이야기를 들었다. 어느 날 방금 만든 버터를 맛보면서, 그녀는 그것이 약간 시다는 것을 알아 차렸다. 단지 그 버터의 맛으로부터, 그녀는 암소의 식사에 내재된 문제를 알았고, 밭의 영양 불균형을 수정할 수 있는 적절한 작물 심기를 남편에게 추천할 수 있었다. 우리의 농업이나 건축이나 엔지니어링에서 똑같은 민감성을 달성한다고 상상해 보라!

국지적 지식은 장소를 만들어가는 이야기 속에서 발견되어질 수 있다. 수도사 토마스 베리(Thomas Berry)의 아름다운 책 *흙의 꿈*에서 그는 허드슨 강 계곡에 있는 리버데일의 자신의 집의 생물지역적인 이야기를 전해준다.

> 나에게 강과 계곡과 개울과 숲과 습지와 조개와 물고기의 이야기를 들려주시오. 나에게 이야기를 들려주시오. 우리가 어디에 있으며 어떻게 이곳에 도착했으며 우리가 담당해야 할 역할과 성격의 이야기를. 나에게 이야기해 주시오, 나에 관한 모든 것과 모두의 이야기와 마찬가지로 나의 이야기가 되는 이야기, 계곡의 공동체 안에서 우리를 하나로 묶는 이야기, 계곡 안에서 모든 살아있는 것과 함께 인간 공동체를 하나로 묶는 이야기, 낮이나 밤의 별이 반짝이는 큰 푸른 하늘의 궁창 아래 우리를 하나로 묶는 이야기, 바람 속에서 우리를 마르게 하고 빗속에서 우리를 흠뻑 적시게 하는 이야기, 사람들에 의해 서로 이야기되는 이야기가 수풀 속의 개똥지빠귀의 지저귀는 이야기가 되는 이야기, 그 강이 하류로 흘러갈 때 부르는 그 이야기, 스톰 킹 산의 장관 속에서 그 이미지가 살아나는 그 이야기.[57]

자연과 인간의 섞임과 세대를 거쳐 꽃가루받이 된 이러한 이야기, 장소로부터 해결책은 나온다. 우리의 이야기가 다시 전해짐과 같이, 우리의 장소들은 우리의 결정과 설계에 대하여 정보를 다시 알려주기 시작할 것이다. 캘리포니아주 북부지역의 매톨 유역 안에서, 지역 거주자들은 수년 동안 연어의 회귀를 많게 하기 위하여 일해 왔다. 그들은 그들 자신의 부화상자를 설계하였고, 계곡의 복원을 위한 많은 노력을 기울였고, 수천 그루의 나무를 심었다. 초등학교 어린이들은 유역 학습과목의 일환으로 연어를 야생의 계곡에 방류하였다. 참여기업인 프리먼 하우스의 선언이 감동적이다. "연어회생 집단은 그 장소에 거주하는 사람보다 이러한 도전적인 일에 적합한 사람은 없다는 가정 하에 일하였습니다. 그 지방 거주자보다 누가 더 많이 특별하고 장소에 대해 구체적인 지식을 갖고 있겠습니까?

---

57) Thomas Berry, *The Dream of the Earth* (San Francisco: Sierra Club Books, 1990), 171-2.

아주 적은 대가와 혹은 대가없이 밤이나 낮의 불특정한 시간에 산발적으로 일하는 것을 관심을 가지고 일할 사람을 그 거주자 외에 누구를 더 기대하겠습니까?"[58]

국지적 지식은 문화적 누적의 견고한 과정을 통하여 가장 잘 획득되어진다. 토양이나 작물들이나 가축, 기후 등에 오래된 경험을 가진 주의 깊은 농부나 목장주의 지식은 대체할 수 없는 설계자원이다. 전통 흙 건축자나 장인, 어부, 새 관찰자, 노잡이의 지식도 마찬가지이다. 한 장소에 거주하는 사람들의 집합적인 기억이 그곳의 제약조건과 가능성을 그려내는 강력한 지도이다. 어떤 점에서, 생태설계란 그곳의 거주자의 마음과 가슴에서 나오는 장소를 펼치는 바로 그것이다. 요구들이 공동체 안에 이미 존재하는 기술과 경관의 잠재력 안에서 만날 때 실현을 낳게 한다.

지속가능성이란 오랜 기간 동안에 걸쳐 일어나는 과정들 속에 내재되어 있으며, 항상 시각적으로 분명하게 보이지는 않는다. 생태설계는 특별한 장소에 헌신적인 사람들과 그 장소에서 자라는 국지적 지식 같은 것과 함께 할 때 가장 잘 이루어진다. 이 지식은 계절과 계절을 통하여, 땅과 함께 적극적인 관계를 맺음으로 서서히 축적된다. 이것은 장소의 작은 부분들과 길 아래 방치된 공장, 첫 번째 가을비 뒤의 들판에서 나는 냄새, 부패와 재생의 순환, 전에는 알지 못했던 야생화를 발견한 기쁨에 관심을 기울인다. 이 지식은 국지적 공동체나 커다란 서식처 안에서 문화적 다양성과 생물적 다양성을 유지하기 위한 선결요건이다. 국지적 지식이 없다면 장소들은 망가진다.

---

58) Freeman House, "To Learn the Things We Need to Know: Engaging the Particular of the Planet's Recovery," in *Home! A Bioregional Reader*, ed. Van Andruss et al. (Gabriola Island, British Columbia: New Society Publishers, 1990), 112.

복합성에 반응하기

1980년대 후반에, 스타워즈에 대한 강한 압력이 있었는데, 핵전쟁 시 적국 미사일을 쏘아 떨어뜨리기 위한 하늘을 뒤덮는 인공위성을 고려한 것이다. 그 계획은 엑스선 레이저나 진보된 레이더 체계, 공격과 역습을 가능하게 하는 인공위성을 포함하여 환상적인 기술의 모든 종류에 의지하고 있다. 그 무기체계에 반대하는 가장 영향력 있는 집단 중의 하나는 **사회책임을 위한 컴퓨터 과학 전문가들**(CSPSR)이었다. 그들의 논쟁은 단순하다. 첫째로 10개 줄의 컴퓨터 프로그램이 제대로 작동하지 않는다고 할 때, 수천 만 줄의 명령이 필요한 무기체계가 과연 그 프로그램 상의 오류를 발견하여 수정할 수 있겠는가? 이러한 하나의 프로그램을 철저히 테스트 한다는 것은 불가능하다. 왜냐하면 전쟁의 위급성은 너무나 많고 예측불가능하기 때문이다. CSPSR은 스타워즈 설계에 내재된 관리할 수 없는 복잡성 때문에 스타워즈는 작동하지 않을 것이라고 말한다.

지식에는 한계가 있으므로 관리에도 한계가 있다. 데이비드 더블유 오르(David W. Orr)는 이것을 이렇게 말한다. "좋은 경작법을 위해 필요한 생태학적 지식과 주의의 차원에서 농장의 크기를 제한하게 된다. 그 한계를 벗어나면, '토지에 대한 눈'의 비율이 토지의 관리를 위하여서는 불충분해진다. 규모가 커지면, 토양의 전형이나 식물군집과 야생동물 서식처의 변화, 지형과 미기후의 변이 등의 미묘한 차이점을 간파하기가 점점 어려워진다. 홍수나 가뭄과 같은 과거의 사건에 대한 기억이 사라진다. 규모가 커질수록, 농부는 통제하기 위하여 차이를 동질화시키고 복합성을 단순화시켜야만 하는 관리자가 된다."[59] 청지기 정신은 관리와는 매우 다르다.

이것은 지혜와 절제, 그리고 무엇보다도 특별한 장소에 대한 이해와 헌신을 필요로 한다. 충분한 "토지에 대한 눈"이 없다면, 청지기 정신은 불가능하다. 더 크고 더욱 다루기 힘든 체계를 계속 통제하려는 움직임 속에 섬세한 부분에 대한 사려 깊은 주의는 사라진다.

부상하는 과학인 복합계는 복합성의 관리적 위기를 바라보는 진지한 전망을 우리에게 제공한다. 복합계는 기계적으로 방대한 재구성과 재정돈을 수행한다. 혼돈이론(Chaos theory)에서는 우리가 외부영향에 대하여 완전하게 연계되는 정확하고 결정적인 체계를 가졌다고 하더라도, 특정한 시간 규모를 벗어나면 그것의 행태를 예측하는 것은 거의 불가능할지 모른다고 한다. 우리가 정책결정자나 시민으로서 관여하는 그 체계는 더욱 복잡해지고 있다. 우리는 많은 무질서와 외부영향과 함께 하는 부정확한 모형을 가지고 있다. "토지에 대한 눈"이 충분하지 않다면, 미묘한 생태학적 되먹임과정에 효과적으로 반응한다는 것은 불가능해질 것이다. 우리는 복합성을 관리하고 통제하기 위하여 다름을 동질화시키고자 하는 유혹에 빠져들 것이다.

혼돈이라는 말이 주는 의미를 이해하기 위하여, 태양계를 살펴보자. 뉴튼(Newton)의 결정론에 숨겨져 있는 중력의 상호작용 시계방향 모형은 장기간의 불확실성이다. 컴퓨터 시뮬레이션을 통하여 태양계의 가장자리를 도는 하나의 자갈이 수백 년의 과정에서 극적으로 행성의 궤도를 바꾸는 것을 볼 수 있다. 다른 말로 하면, 이 시계 방향으로 회전하는 태양계는 극히 작은 혼란이 방대하게 확대될 수 있는 가능성을 안고 있다는 말이

---

59) David W. Orr, *Ecological Literacy: Education and the Transition to a Post-modern World* (Albany: State Univ. of New York Press, 1992), 35-6.

다. 만약 우리가 지구를 궤도에서 머리카락 하나 만큼 일탈시킨다면, 결과적으로 궤도에서의 그 편차는 수 백만 마일에 달하게 될 것이다. 같은 방법으로, 마다카스카르의 나비 날갯짓은 2달 뒤에는 캔자스에서 우박을 동반하는 폭풍이 될 것이다. 이 *나비효과*는 미세한 세계의 상호작용이 큰 축척의 세계에서의 사건에 영향을 미칠 때까지 확대된다는 근원적인 축척의 연계이다. 소우주와 대우주가 서로 관통한다.

나비효과가 정확한 장기간의 예측을 불허하게 하므로 우리는 새로운 종류의 질문을 요구한다. 우리는 우리 자신의 복합계의 위기를 이해하기 위하여 나비효과를 사용할 수 있다. 어업, 숲, 온실효과 등에 존재하는 매우 실체적인 정책이슈들은 정확하고 믿을만한 결과를 도출하는 정확한 모형을 만들 수 있다는 희망을 가질 수 없게 할 정도의 매우 복잡한 복합계에 녹아 있다. 우리 자신의 불확실하고 불완전한 모형으로 막대한 복합적인 행태를 위한 체계의 내재된 수용력을 만들어낼 때, 우리는 겨우 일부분을 이해하는 것이다. 아마도 넓은 한계 내에서 변수를 산정하고 어떤 엉성한 상관계수를 찾을 수 있겠으나, 우리는 핵심적인 관리에 관한 질문에 대하여 활발한 답변을 제공하지 못할 것이다. 이산화탄소의 배출로 인한 이러한 단계 단계의 차원에서 우리는 어떠한 기후 변화를 예측할 수 있는가? 이것이 정말 지속가능한 목재 수확인가? 복합계의 새로운 과학들은, 이러한 질문에 답할 수 있다는 우리의 확신과는 거리가 멀지만, 과연 체계들은 우리가 생각했던 것보다 훨씬 복잡 미묘하고, 우리의 환경에 대한 개선행위가 안전하다고 보증한다는 것은 어려운 일이라는 것을 말해 주는가.

복합계에 의해 함의된 지식에의 한계는 어떤 축척을 벗어나면 우리는 과학적으로 체계들을 "관리"할 수 없다는 것을 말해 준다. 충분한 "토지에 대한 눈"의 비율이 없다면, 복합계에 의하여 우리는 압도될 것이다. 따라서 토지에서 그것을 위한 치명적인 역할이 모든 차원에서의 참여로 열려있다. 모든 종류의 생태계와 함께 작용하고 복원하기 위하여 요구되는 이해가 그러한 생태계를 잘 아는 그러한 사람들에게 분산되어 있다. 인도의 행동가이자 과학자인 반다나 쉬바(Vandana Shiva)는 이것을 이렇게 말한다. "툴시라는 식물을 숭배하는 평범한 인도 여인은 식물 속에서 상징화된 우주를 숭배한다. 씨앗을 성스러운 것으로 여기는 농부는 씨앗 속에서 우주로의 연결을 보고 · · · 대부분의 지속가능한 전통문화 속에서, 작은 것과 큰 것은 서로 연계되어 한계와 절제, 책임감은 항상 투명하고 형체화 될 수 없게 된다. 큰 것은 작은 것 안에 존재하고 따라서 모든 행위는 지구적일 뿐 아니라 우주적 함의를 가진다."[60] 시시하고 작은 국지적 행동 각각이 생명의 전체 그물에 경의를 표함으로, 지속가능한 문화를 이루어 간다.

"토지에 대한 눈"의 비율을 증대시키기 위하여, 지식과 설계에 대하여 우리가 생각하는 방식을 바꿔야 한다. 우리는 우리의 설계를 생태계의 한계와 그 한계에 대한 인간의 이해에 축척을 맞출 필요가 있다. 이것이 정교한 형태의 국지적 지식을 작동할 수 있게 하는 즉각적인 효과를 가진다. 반대로 말하면, 이 국지적 지식은 높은 차원의 생태적 민감성과 적절함을 제공하는 설계 과정을 알게 해 준다.

장소를 위한 설계하기

단지 몇 세대 전에는, 지방의 기후, 재료, 지형, 관습을 반영하지 않는

60) Vandana Shiva, "The Greening of the Global Reach," in *Global Ecology: A New Arena of Political Conflict*, ed. Wolfgang Sachs (London: Zed Books, 1993), 154.

방법으로 설계하고 지어야 한다고 말하는 것은 어리석은 것이었을 것이다. 인간 서식처의 설계는 지방의 자원, 능력, 일을 하는 방식에 제한되었다. 건물들은 지방의 상황에 잘 적응되는 양식에 따르는 경향이었다. 장소를 위하고 함께 하는 설계하기는 지배적이었고 예외가 없었다.

각각의 기후 지역에서 발달된 자생적인 자국의 건축에 의해 제공된 사례가 있다. 세계의 사막 마을들은 작은 창과 함께 흙과 돌로 된 두꺼운 벽으로 지어졌는데, 모양은 시원한 실내 온도를 유지하기 위하여 설계되었다. 그 주거는 서로를 그늘지게 하기 위하여 밀접하게 모여 있다. 열대의 삼각주나 숲의 움막집은 고상형인데, 이로 인해 통풍이 잘되고 젖은 지면으로부터 보호된다. 야자수 나무와 같은 지방의 나뭇잎으로 벽은 짜여 져 있고 지붕은 덮여 있다. 지붕의 경사는 비를 대비하여 급경사이다. 유럽과 북미주의 온대 숲에서 진화한 주거는 통나무와 목재로 지어졌는데, 비와 눈을 잘 배출하기 위하여 급경사의 지붕과 현수물로 되어 있다. 아시아, 아프리카, 북미주의 평원에 거주하는 유목민들은 동물 가죽을 이용한 이중 외피구조를 가지고 이를 지탱하는 가벼운 목재 프레임을 구성된 이동식 주거를 진화시켰다.

이 세기에서, 장소에 맞도록 하는 시도되고 검증된 설계는 어떠한 상황이나 입지에도 편리하게 떨어뜨릴 수 있도록 설계된 표준화된 현대적 템플릿에 의해 배척당했다. 우리가 본 대로, 이러한 템플릿들은 과다한 양의 에너지와 물질을 요구하고, 경관을 도매 값으로 파괴한다. 그것들은 또한 지방적이고 지역적인 차이들을 침식시킨다. 20세기가 끝나감에 따라, 장소와 문화는 불도저로 밀어져 어디에도 없는 이 세상의 지형으로 변해 간다. 이 파괴적인 맥락에서, 생태설계의 임무는 장소에 깊숙이 적응하는 설계 해결책을 다시 만드는 것이다. 자생적 설계의 교훈과 정교하고 새로운 생태적 기술이 이 임무 수행에 있어 필수적이다.

이 접근 방법의 사례를 심 반 데르 린(Sim Van der Ryn) 사무실에 의하여 설계된 지어지지 않은 오자이 기초학교에서 찾아볼 수 있다(그림 4, 5, 6). 오자이는 캘리포니아주의 중부 해안인 산타 바바라에서 차로 1시간 거리에 있다. 뜨겁고 건조한 여름과 온화한 겨울을 가진 기후는 지중해 내부계곡의 전형적인 날씨이다. 풀이 무성한 산마루의 산등성이에 있는 그 대지는 합의에 의하여 성립된 공동체형성과정을 거치면서, 사람들이 가장 좋은 장소라고 생각되는 곳에 입지하고 있다. 교실과 교직원 숙소, 사무실, 도서관, 부엌, 식당, 명상홀을 포함하는 "마을 배우기"라는 것을 위해 프로그램이 짜여졌다. 평면은 커다란 중앙 타원형 광장을 중심으로 구성되었다. 주거단지의 주거층들은 각각의 층들이 다른 층들에게 그늘을 제공하도록 타원광장을 중심으로 배열되었다. 공공시설들은 북쪽에 배치되었다. 기본적인 건축재료는 현지에서 채굴된 흙이다. 6～12%의 포틀랜드 시멘트(발전소의 부산물인 플라이 애쉬[61]가 첨가)가 첨가되고, 이 혼합물은 60cm 두께의 내구성, 내진성 벽으로 만들기 위하여 짜여진 형틀에 공기압축으로 다져진다. 다져진 흙 혹은 이긴 흙으로 알려져 있는 이 기술은 중국이나 유럽, 북 아프리카에서 몇 세기동안 사용되어 온 방법의 현대적 적용이다. 두꺼운 벽은 무더운 날씨에 내부 방을 시원하게 유지하는 온도 단열재로 작용한다.

오자이 프로젝트는 또한 고대 설계에서 사용된 수동형 냉방탑 기술을

61) 발전소의 굴뚝에서 채집되는 플라이 애쉬는 시멘트의 경화를 더디게 하여 균열을 방지하는 역할을 한다.-역자 주

그림 4 • 오자이 기초학교의 모형사진

그림 5 • 오자이 기초학교의 전체 단면도

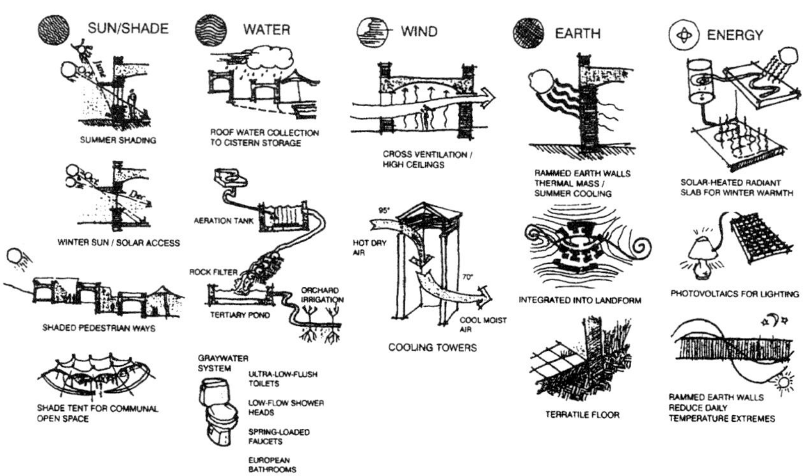

그림 6 • 오자이 기초학교의 생태적 요소의 고려

사용하였다. 중동지방에서, 미풍이 탑에 의하여 채집되고 관으로 유도되어 물의 수반을 거쳐 기화로 인한 냉방을 달성하는 단순한 형태이다. 애리조나 대학의 환경연구실험실은 이 설계의 개선된 버전을 개발하였다. 작은 양의 물이 공기를 시원하게 하기 위하여 탑의 상부에서 차단장치를 통과하여 안개화 되고, 항상 일정하고 상쾌한 흐름을 탑의 하부로 흐르게 한다.

적은 연중 강수량으로 오자이에서는 물이 귀하다. 지붕에 내리는 강우는 우수관을 통하여 공공장소 지하에 매설된 콘크리트 저수조에 저장되고 이후에 과수원이나 정원을 관수하기 위해 사용된다. 배관체계는 하수를 정화조로 보내고 부엌과 화장실에서 사용한 물(회색 물)은 정원에서 재순환된다. 적은 양의 전기 사용량은 광전기판을 통하여 대지 안에서 공급된다.

매우 다른 장소에 대한 매우 다른 반응이 심 반 데르 린(Sim Van der Ryn) 사무실의 설계를 통하여 콜로라도의 크레스톤에 있는 린디스판 연합센터 작품에서 보여진다. 콜로라도 남부의 산그레 데 크리스토 산맥의 산록에 위치한 그 대지는 극도로 춥고, 바람이 심하고, 해가 많은 겨울과, 짧고 따뜻한 여름을 경험하게 한다. 장소가 설계를 미리 처방하는데 즉, 따뜻하게 하는 겨울의 태양은 극대화시키고 추운 겨울바람은 극소화시키는 것이다. 그 설계는 많은 유리로 구성된 길고 남쪽으로 면하는 장방형이다. 두껍게 단열 처리된 북쪽 지붕과 벽은 바람에 의한 추위효과를 감소시키고 온도를 안정시키기 위하여 흙으로 덮여 있다. 기본 재료는 일차적으로 그 지방의 버려진 잡석과 나무껍질 투구벌레에 의해 죽은 그 지방 소나무에서 벌채된 목재이다. 화씨로 영하 60도까지 내려가는 혹한의 겨울 날씨임에도 불구하고 내부는 단지 나무를 때는 에너지 효율적인 난로에 의하여 55도를 유지한다. 이 설계는 수동형 태양열 원리와 기술을 극대화하여 사용하는 것이다. 현재 이용 가능한 단순한 장치가 설계자들로 하여금 주어진 대지에서 연중의 태양과 그늘의 양상을 예측할 수 있도록 한다.

생태설계는 기후, 지형, 토양, 물, 식생과 동물, 물질과 에너지 흐름, 그리고 다른 요인과 같은 장소의 특별함과 함께 시작한다. 주어진 임무는 장소의 건강을 존중하는 방법으로 이러한 상황들과 설계를 통합하는 것이다. 적절한 생태적 구조를 보전하는 맥락 내에서 새로운 관계를 설정할 때 설계는 작용한다.62)

습지를 생각해 보자. 그들의 내부의 프로세스가 그들로 하여금 영양물질을 흡수하고, 독성을 해독시키고, 병원균을 제거하게끔 한다. 구축된 습지로 알려진 인공습지는 하수를 정화하기 위하여 만들어지고 유지되어진다. 인공습지가 그들이 받게 될 하수의 유형과 양과 잘 조화를 이룬다면, 영양물질을 정화하고 예외적으로 깨끗한 물을 제공할 수 있다. 이 방법으로, 우리 자신의 쓰레기의 일정량을 기존의 생태학적 순환 내에서 통합되어질 수 있다. 인공습지가 대지 내에서 영양물질을 보존하고, 하천으로 흘러 들어가는 물의 오염을 막을 수 있고, 부가적인 서식처를 제공하는 새로운 쓰레기/경관의 관계를 만든다.

생태설계는, 우리가 원거리의 자원에 의존하는 만큼 우리 자신의 장소에 대하여 책임질 수 없게 된다는 것을 인식하면서, 주어진 장소의 고유한 통합과 함께 작용한다. 일시적으로 우리 지방의 평균치를 초과하는 삶을 영위할 수 있으나, 다른 어떤 곳의 파괴적인 생태적 부산물을 소비하는 대가를 치르게 된다. 식물유전학자인 웨스 잭슨(Wes Jackson)의 말에 의

62) 구조를 보전하는 변형의 연관된 개념에 관하여 유용한 토의를 나눈 Katy Langstaff에게 감사한다.

하면, 우리는 "현대사회에서 자생화하는 것에 대한 광범위한 목적을 위하여 노력하지 않는 한 어떤 지역에서 지속가능성에 근접하는 어떤 일도 달성하지 못할 것이다. 그것은 그리하여 그의 주변 경관의 생태학적인 실체 속에 내재된 엉켜있는 공동체 안에서 우리의 장소에 자생화되는 것을 의미한다."[63] 인공습지의 경우처럼 장소의 한계 내에서 설계를 통합함으로써 우리는 설계를 이러한 생태적 실체에 반응하도록 할 수 있다.

20년 전에, 태양열 건축가 스티브 배어(Steve Baer)는 "빨래줄 역설"을 지적하였다. 우리는 알래스카에서 석유를 채굴하여 송유관을 통하여 보내고, 정유하여 선적하고, 화력발전소에 보낸다. 그 기름은 타서, 수증기로 하여금 전기를 생산하도록 터빈을 돌리게 한다. 그 전기는 고압송전선망에 의하여 전력손실을 입으면서 수백 마일을 이동하여 당신의 건조세탁기로 들어온다. 여기서 전기에너지는 드럼을 돌리기 위한 기계적 에너지로 변환되고, 또한 건조시키기 위하여 코일을 가열하기 위한 열에너지로 바뀐다. 반면에, 당신은 옷을 말리기 위하여 단지 빨래줄에 널기만 하면 된다!

빨래줄 역설은 국지적으로 가용한 해결책을 감지하는 우리의 무능력을 잘 나타내는 비유이다. 빨래줄은 따뜻한 공기와 같은 일상의 주위 자원은 고려하지 않고, 멀리 있으며 생태적으로 불건전한 에너지 체계에 대한 신뢰를 대신한다. 같은 방법으로 생태설계는 정보가 풍부하고 국지적으로 적응된 해결책을 가지고 재래적 자원집약적인 방법을 대신한다. 우리는 장소의 특별성과 함께 시작하고 질문할 것이다. 여기서 무엇이 생태적 통

63) Wes Jackson, *Becoming Native to This Place* (Lexington: Univ. Press of Kentucky, 1994), 3.

합을 이루며 행해질 수 있나? 이 지역에서 우리는 어떻게 에너지를 공급할 수 있나? 우리는 어떻게 수문학적 순환에 역행하지 않고 물을 공급할 수 있나? 우리는 숲을 파괴하지 않고 거주공간을 공급할 수 있나?

물론, 그 해결책들은 장소에 따라 많이 다를 것이다. 그것은 땅이 원하는 바를 듣는 일이다. 이것은 자생적인 식생을 복원하기 위하여 가장 잘 구축된 장소를 찾아 그곳에서 시작하여야 한다는 말이다. 자생종을 위한 공간을 만들기 위하여 외래종은 제거하라. 몇 계절 안에, 자생종의 범위는 확대될 것이고, 그들 자신에게 맞는 순조로운 미기후를 형성하게 되고, 마침내 그들의 원래 활기를 되찾아 복원될 것이다. 이것은 단지 국지적 식생의 지식에 입각한 단순한 방법이다. 비슷한 방법으로, 생태설계는 경관의 본래적 회복과정에 입각하여 경관의 건강한 기능을 점차적으로 복원하는 것을 찾는다.

우리는 설계에서 "지역주의"와 같은 어떤 스타일을 말하고자 하는 것이 아니다. 우리는 물질과 에너지의 흐름, 토양과 기후의 특성, 그리고 서식처의 섬세한 것까지 설계과정 그 자체에서 정밀한 주의를 기울여야 한다는 것을 말하는 것이다. 생태적 과정을 존중하는 방법을 채택하는 것은 설계에서 강한 제약을 받게 된다. 이러한 제약들은 지구적으로, 지역적으로와 마찬가지로 국지적으로 부딪치게 된다. 이러한 과정에서, 우리는 자연 자신의 재생적인 과정에 밀접하게 녹아들어 가는 체계를 만들 수 있다. 그들은 그 과정 속에 능동적으로 참여하기 시작한다.

보통 낙타는 널리 퍼져있는 자연의 진화적 설계의 예로서 장소에 적응하는 좋은 예가 된다. 이른 아침에, 낙타는 습기를 위해 풀을 뜯어 먹는다. 이 물의 약간은 고효율 단열재로서 이중층인 지방층에 차후의 이용을 위해 대사적으로 저장된다. 낮 동안, 낙타 자신의 몸이 온열체로서 체온이 다른 포유류와는 달리 매우 높은 한계치까지 올라간다. 이 과정에서, 낙타는 농축된 오줌을 생산함으로써 물의 상실을 최소화한다. 체온이 최고 한계치에 도달해도 낙타는 혈액세포의 건강을 유지하면서 건조한 상태까지 견디도록 특별하게 적응하도록 되어 있다. 체온이 마침내 떨어지면, 낙타의 혹 안에서 지방층이 응집되어, 단열재의 효과는 감소되고 빠르게 체온이 냉각되는 것을 허용한다.

낙타의 다양한 적응들 즉 지방으로부터의 신진대사 된 물, 농축소변, 다양한 체온의 변화, 혈액 내의 수분상실의 최소화, 혹 등이 혹심한 사막기후 환경에서 낙타가 효율적으로 기능하도록 한다. 낙타는 자신의 생리를 통하여 대부분의 유기체들을 사망시키는 극한의 기후조건에서 살아남을 수 있는 것이다. 이것은 장소에 절묘하게 적응된 것이다.[64]

반면에, 봉합되고 중앙집중형 난방 건물은 마치 모든 것을 하지만 단지 장소에 반응하는 것뿐인 타조가 그 머리를 모래 속에 파묻는 것과 같다. 만약 우리가 건물을 환경에 기능적으로 연계되는 하나의 유기체로 생각하기 시작한다면, 새로운 가능성이 부상한다. 설계가인 데이 카로우디(Day Chahroudi)가 말하기를, 건물은 "단세포적 유기체인데, 그 환경이 필요한 모든 영양소와 다소 적대적인 요소를 포함하고 있다 · · · 벽이나 지붕의 선택적인 침투성을 사용하면서 건물은 항상성을 드러내는데, 아마도 이것은 생명체의 가장 기본적인 성질이다."[65] 선택적인 침투성은 방열층

64) R. J. Putman and S. D. Wratten, *Principles of Ecology* (Berkeley and Los Angeles: Univ. of California Press, 1984), 40-1.

65) Day Chahroudi, "Buildings as Organisms," in *Soft-Tech*, ed. J. Baldwin and Stewart Brand (London: Penguin Books, 1978), 43.

으로 일반적인 창문의 안쪽을 코팅함으로써 얻어진다. 그 창은 빛은 통과시키지만 열은 차단한다. 이것은 건물이 적절한 태양 방향에서 국지적 기후에 적응하도록 한다. 이러한 설계에서, 산업디자이너들에 의하여 거친 벽들은 낙타의 적응을 응용하는 것처럼 생물적 막으로 부드럽게 변한다. 건물은 추운 날씨에는 따뜻하게 되고 따뜻한 날씨에는 시원하게 유지된다.

국지 기후의 상세한 부분을 아는 것이 종종 장소에 반응하는 건축설계의 핵심이 된다. 새크라멘토에 있는 베이트선 건물은 캘리포니아주 건축사무소에서 설계하였는데, 에너지 소비의 75%를 감소하는 명백한 목표를 달성한 예이다(그림 7과 8). 대부분의 사무실 건물에서, 가장 큰 에너지 요구는 인공조명과 공기조화이다. 베이트선 건물은 일차적으로 주광에 의존하는 설계인데, 자연광으로부터 40피트 이상 떨어지지 않게 하는 평면계획으로 가능하다. 기후에 관한 주의 깊은 연구에 의하면 여름동안 도시의 기온이 100도 이상 올라가는 경우에도 저녁 기온이 50도로 떨어지는 것은 샌프란시스코 만에서 새크라멘토 강으로 올라오는 시원한 바람 때문이라는 것을 알게 해 준다. 이것이 기후설계전략의 핵심이 되었다. 사각형의 건물은 4층 높이의 아트리움을 중앙으로 배치되었는데, 그곳에는 수백톤의 바위가 놓여져 있다. 여름 낮 동안, 건물의 열은 바위에 축열된다. 밤에는 대형 선풍기가 바위에 저장된 열을 불어줌으로 차가운 저녁 공기에 섞이게 한다. 그 건물은 필요시에 태양광을 차단할 수 있는 자동 그늘막을 구비하고 있다.

낙타가 사막의 기후에 적응하는 것과 잘 설계된 태양열 건물이 그들의 기후에 잘 들어맞는 것처럼, 생태설계는 놀랍고 풍부한 방법으로 그들의 장소에 들어맞는다. 이것을 만들기 위해 요구되는 지식은 불가피하게 장

그림 7 • 베이트선 건물의 외관

소 특정적이다. 이미 1940년대에, 루이스 멈포드(Lewis Mumford)가 "지역조사"를 모든 차원의 교육에서 뿌리를 내릴 것을 제안하였다. 이 조사는 "연구를 극적으로 개선하는 방법의 근간으로, 예술과 과학의 모든 점에서 밑바닥으로부터 생태적으로 연관되는 것으로, 학생들의 지역이나 공동체의 경험 속에서 직접적이고 지속적으로 그들을 연결시키는 것이다."[66] 이것은 장소를 만드는 국지적 환경과 업무, 제도, 사람에 대한 주의 깊은 연구를 포함한다.

---

66) Lewis Mumford, *Values for Survival* (New York: Harcourt, Brace & Co., 1946), 151–2.

텍사스의 오스틴에 있는, 플리니 피스크(Pliny Fisk)와 최대 가능성의 건물체계센터(Max's Pot)는 멈포드의 "지역조사"의 함의를 엄격하게 추

그림 8 • 베이트선 건물의 중정

구하였다. 맥스의 포트에서 가장 완전하게 실현된 사업은 라레도 시범 청사진 농장인데, 텍사스의 가장자리에 있는 2에이커 농장이다. 이 사업은 이 지역의 토양이나 식생, 광물자원, 기후에 반응하는 것으로, 건조한 남서부지역과 프레리 초지의 전이지대에 위치하고 있다. 리오 그란데 가까이에 위치하고 있는 그 농장은 작은 과수원과 재배를 위한 그늘지역, 몇 개의 헛간, 수조, 풍력발전기, 현지 내 처리 가능한 농업폐기물 처리체계를 갖추고 있다.

맥스의 포트는 모든 사업에서 비슷한 기후와 식생을 가지고 있는 지구상의 다른 자생적 바이옴 즉 생물지역에 생태적으로 적절하게 설계된 것을 조사하는 것으로 시작한다(그림 9). 텍사스에서, 왜소한 메스키트 콩과의 관목은 성가신 것으로 간주되어 가차 없이 베어진다. 아르헨티나의 불모지에서는 마루 타일로 오랫동안 사용되어져 왔다. 라레도 농장에서, 메스키트 타일은 침투 가능한 도로 포장재로 쓰여진다. 비슷한 경우로, 창고의 냉각탑은 오자이의 설계 경우와 비슷한데 이란에서 차용되어졌다.

그림 9 • 라레도와 유사한 생물지역

맥스의 포트는 "장소의 유일성에 입각한" 지역적으로 적절한 건물체계를 찾는다.[67] 이러한 체계는 지방 경제를 촉진하는데, 지방의 재료의 사용과 실제적인 건설을 통하여 지방의 일자리를 만들기 때문이다. 그 농장에서, 작물들은 막대, 밧줄, 수지 널판으로 구성된 가변형 구조물에 의해 그늘을 드리운다. 그 막대들은 근처의 쓰레기장에서 발견된 낡은 석유 시추용 막대이다. 농장의 헛간은 볏짚 꾸러미로 지어졌는데, 이는 농업용 부산물로 이미 준비되어 있다. 지붕 구조물은 국지적으로 얇은 철 구조 트러스와 덱크로 조립된 독창적인 격자형 구조물이다. 콘크리트 바닥 슬라브는 국지적으로 구할 수 있는 무기물인 화산재, 석회, 교결 충적토로 현지에서 즉시 혼합되어 채워진다.

라레도 농장의 설계는, 그 지역의 유일한 인자의 배열에 반응하는, 분명히 장소로부터 성장되었다. 발전기는 바람을 이용하고, 수조는 강우를

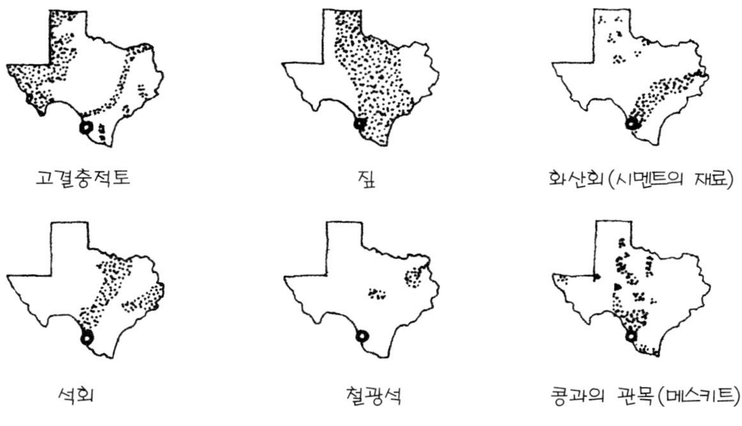

그림 10 • 텍사스주의 건축재료 분포

67) John Todd가 원래 이 문구를 사용하였다.

저장하고, 작물그늘체계와 냉각탑은 태양으로부터 보호하고, 농업의 부산물은 리오 그란데로 흘러들기 전에 처리된다. 이것은 또한 국지적 자원—식생(메스키트 타일), 무기물(교결 충적토, 석회, 화산재, 철구조 트러스)—과 국지적으로 생산된 부산물(짚 꾸러미)을 사용한다. 맥스의 포트는 "작은 청사진 농장 공동체를 지탱하고 있는, 나아가 기존 도시의 주위에 존재하는 많은 이러한 정주지를 지탱하는 지방의 자원과 · · · 지방의 농부, 철작업자, 건축자들을 이용하는 지식을 발굴하고 있다."[68] 정보는 풍부하고, 에너지는 적게 들고, 물질들은 절약하고, 요구되는 경관의 방법에 반응하면서, 라레도 농장은 파괴적인 생태적 영향을 최소화한다.

큰 규모에서는, 기본 이슈가 헤아릴 수 없는 수수께끼로 된다. 어떤 "경제적 가치"가 열대림의 생물다양성에 할당되어져야 하나? 온실가스 배출의 "적정한" 수준은 무엇인가? 각 경우에서, 우리는 복합성의 흥분상태에 대하여 지나치게 단순한 정량적 답변을 찾는다. 우리가 인간적인 척도로 돌아올 때, 이러한 문제들은 스스로 풀리기 시작한다. 설계는 우리가 경관 위에다 우리의 행동의 결과를 바로 읽을 수 있을 때 장소에 대하여 책임을 질 수 있다. 설계는 설계가 숲의 파괴에서 물의 오염과 호수의 산성화에 이르는, 숨겨져 있고 먼 거리에 있는 생태적 보조에 의지할 때, 장소에 대하여 책임질 수 없다. 한 장소에서 발생한 부주의는 어떤 다른 곳에서 풀기 어려운 문제를 야기하여 막대한 비용을 유발한다. 라레도 농장과 같은 사업은 특정하고 잘 정의된 지역의 제약조건과 기회요소에 단단히 기초하여 있으므로 잘 돌아가는 것이다.

---

68) Ray Don Tilley, "Blueprint for Survival," *Architecture* 80, no.5 (May 1991): 70.

생태적 수지가 설계를 결정한다
– 제 2 원리

기존 또는 제안된 설계들의 환경영향을 추적하라. 그리고 가장 생태적으로 건전한 설계가능성을 결정하기 위하여 다음 정보를 이용하라.

생태적 수지

우리 모두는 경제적 수지란 관습에 익숙하다. 설계는 예산, 매트릭스 정산표, 부분 목록 등의 동반 없이는 진행될 수 없다. 불행히도, 우리는 설계와 생태계의 건강을 연결하는 병렬 세트의 수지를 고려하는데 실패했다. 이런 수지는 수 에이커의 남용된 토지, 시간당 수 kw의 에너지, 물 수 갤런, 수 파운드의 침식된 토양 그리고 설계에 관한 모든 다른 환경적 영향을 포함한다. 마치 표준수지절차는 우리로 하여금 돈을 얼마나 벌고 얼마를 소비하는지 결정하도록 허용하는 것과 같이 생태수지절차는 생태적으로 적절한 변수들을 찾아내는 방법을 제공한다.

수십 년 동안, 생태학자들은 생태계를 통한 에너지와 물질의 흐름에 대한 세부적인 연구를 실시했다. 생태계 수지는 생산품, 건물, 경관 그리고 지역사회 전체에 대해 연구를 하도록 요구한다. 웨스 잭슨(Wes Jackson)

이 전망하기를, 지속성은 "지역사회 수준에서 보다 좋은 생태계 수지의 결과로 발생할 것으로 생각했다. 만약 우리가 본질적으로 모든 재료를 재활용하고 태양광선을 이용하는 것을 미래의 필연성으로 간주한다면, 그 다음에 우리 미래는 가장 중요하고 흥미로운 원리로서 수지에 의존할 것이다."[69]라고 한다. 사려 깊은 생태계 수지는 설계에 의한 환경영향에 대한 정확한 측정을 제공하며 이런 영향은 설계과정을 알리도록 허용할 것이다.

만약 강 상류에 위치하는 애크미(Acme) 공장이 낚시터를 오염시킨다고 가정한다면, 공장 오염방출량이 법적 한도 내에 있음에도 불구하고 그런 행위들은 강의 건강과 강으로 인한 우리들의 즐거움에 직접적인 관계를 갖는다. 오염은, 오염시킨 자에게는 비용이 들지 않지만, 당신에게는 비용이 들게 만든다. 경제학적 언어로 말한다면, 오염은 외부성, 즉 그것은 애크미의 생산물을 사고파는데 있어서 직접적으로 관련성이 없는 단지 제3자에게 결국 영향을 끼친다.

외부성은 경제적 수지와 생태적 수지 사이의 긴장을 불러일으킨다. 산성비에서부터 지구온난화와 오존고갈에 이르기까지 외부성이 만연한 세계에서, 가끔 경제적 비용을 최소화하는 것은 오염의 형태, 서식처 파괴, 그리고 질병을 발생하게 하는 환경적, 그리고 사회적 비용을 최대화 하는 것이다. 시장가격은 이들 비용이 재래적인 경제적 수지에서는 나타나지 않기 때문에 보다 광범위한 환경적 가치를 반영하지 못한다. 깨끗한 공기, 물 그리고 토양에 대한 시장은 거의 존재하지 않는다.

생태적 수지는 전체 생태적 비용을 정확히 반영하는 가격의 부재 속에

69) Wes Jackson, *Becoming Native to This Place* (Lexington: Univ. Press of Kentucky, 1994), 99.

서 설계를 결정하기 위한 정보 수집의 한 방법이다. 석유연료와 관련된 온실발열을 생각하라. 1973년 OPEC 수출금지는 석유결핍의 공포를 일으켰다. 1990년대 석유과잉이란 동등하게 혼란을 주는 공포를 일으켰다. 지금 온실효과에 대한 강한 학문적 공감대에서 지적하듯이, 화석연료의 지속되는 소비 비율은 21C 중반까지 지구평균온도를 5°F에서 10°F의 증가를 가능하게 할 것이다. 이것은 대규모의 흉작에 이르게 할 것이고, 동남아시아에서 대재앙의 계절풍, 거대범위의 서식지 손실, 그리고 현재 예측할 수 없는 엄청난 부작용이 발생할 것이다.

공감대에 의한 온실 시나리오는 그것이 단지 지구안전에 대한 위협으로만 생각될 수 있을 정도로 혼란스럽다. 그러는 동안 비록 급상승하는 에너지 세금은 유럽과 일본에서 에너지 소비를 급격히 감소시켰지만, 미국의 이산화탄소 방출은 상당한 방법으로 세금을 부과하거나 규제되지 않는다. 석유가격은 생존 가능한 미래를 보증하기 위해, 단지 시장에 의존할 수 없다는 교과서적인 예를 제공한다. 시장이 정확히 공급과 수요를 반영하지만, 그들은 명백히 지구에서의 생명유지를 위한 환경적 전제 조건을 확신시키는 것은 불충분하다.

만약 가격이 내재된 환경영향을 반영한다면, 생태적으로 건전한 생산물을 설계하기 위하여 많은 인센티브가 있을 것이다. 그런 체계에서 이들 생산물은 그다지 비싸지 않고 결국에는 값이 싸지게 될 것이다. 폴 호켄(Paul Hawken)은 *상업의 생태학*에서 그런 체계를 제안하기를 "지속하는 사회를 창조하기 위해, 우리는 우리의 모든 행동이 본질적으로 지속가능할 수 있고, 복원 가능한 장소에서 상업과 생산의 체계를 요구하게 될 것이다···산업사회에서 모든 행동이 환경저하를 이르게 하는 것과 같이, 의도와 관계없이, 우리는 반대가 진실이고, 즉 옳은 일을 하는 것이 아주 쉬운, 그리고 일과 생활의 자연스런 일상행동이 의식하고 있는 이타주의의 문제가 아니라 과정의 문제로서, 보다 좋은 세계로 축적될 수 있는 이런 체계를 우리는 설계해야 한다."[70]라고 하였다.

상업의 그런 현명하게 설계된 체계의 부재 속에서 생태적으로 건전한 생산물은 파괴적인 상대편보다 더 높은 가격으로 시장에 나온다. 살충제가 실린 생산물을 구매하는 것과 같은 일상의 행동들은 구매자에게 숨긴 결과를 갖는다. 생태적인 쇼핑가이드 자문 없이 또는 "품질이 인정된 유기농산물"을 신중하게 찾지 않고, 사람은 무의식적으로 본질적으로 역기능적인 경제를 증진시키게 된다. 책임은 그들 자신의 환경영향을 감소시키는데 더 많은 돈을 기꺼이 지불하려는 정보를 가진 소비자들의 사려 깊은 선택에 놓여 있다.

경제적 수지와 생태적 수지 사이의 간격은 생태설계자를 위한 흥미 있는 도전을 보여준다. 환경영향을 최소화하는 것이 금전 절약과 일치할 때, 많은 에너지와 물 효용성 측정방법의 경우와 같이, 선택은 명백할 것이다. 영향을 최소화하는 것이 보다 큰 비용을 요구하는 것처럼 보일 때, 무독성 마감 또는 페인트의 경우와 같이, 선택은 보다 복잡하게 된다. 얼마나 많은 초과 금전이 감소된 영향의 수준을 위해 소비되어야 할까?

생태설계는 이런 고려사항을 설계과정에서 가장 중요한 것으로 여긴다. 우리는 설계과정에 포함되는 모든 것, 즉 건물의 에너지 이용에서부터 생산물의 독성에 이르기까지의 모든 것에 대한 환경영향을 명백하게 고려하

70) Paul Hawken, *The Ecolgy of Commerce: A Declaration of Sustainability* (New York: HarperCollins, 1993), xiv.

도록 요구한다. 그 다음에, 목표는 분별 있는 예산을 유지하는 한편, 에너지와 재료 이용을 감소하며, 독성을 감소하며 그리고 다른 영향을 줄이면서 생태적 수지를 개선하는 것이다. 가끔 생태적으로 건전한 설계 선택들의 한 세트로부터 대규모 비용절감은 또 다른 세트와 연관된 초과 비용을 상쇄하는데 도움을 줄 수 있다. 다른 경우에서, 개별적으로 보다 값비싼 설계결정은 그들을 집합적으로 보다 값싸게 하는 시너지효과를 생산할 것이다. 예를 들면, 대단히 효율적인 수동형 태양열설계는 중앙난방과 냉방체계를 위한 필요성을 제거함으로써 비용을 오히려 절감할 수 있을 것이다.

생태적 수지는 수지에 대한 조심스런 선택과 함께 시작한다. 일반적인 수지는 설계에서 이용된 에너지, 물, 재료, 독성, 쓰레기 그리고 토지를 포함한다. 농업적인 맥락에서 우리는 에너지, 물, 토지, 토양 그리고 주요 영양물질에 특별한 주의를 기울일 것이다. 사무용 건물에서 에너지, 건물재료 그리고 독성은 특별한 조사·감독을 요구한다. 상품설계에서 에너지, 재료, 독소 그리고 쓰레기는 가장 중요할 것이다. 이런 수지는 정확성의 수준을 다양하게 유지할 수 있다. 그러나 그들은—적어도 질적으로—설계에 의해 초래된 가장 중요한 환경영향을 반영하게 된다.

생태적 수지는 또한 우리에게 우리의 지식을 위한 공간과 시간의 영역을 선택하도록 요구한다. 만약 우리가 그것의 완성된 역사동안 설계의 모든 영향을 추적한다면, 우리는 생애주기분석을 수행하여야 할 것이다. 이런 경우 다음 절에서 논의되는데, 우리는 설계의 생애에 걸쳐 영향들을 합계한다. 마지막 절인 "흐름을 따르기"에서, 우리는 매일 작동하는 기존 건물, 캠퍼스 또는 마을을 지속하기 위하여 요구된 자원의 흐름을 점검한다.

둘 다의 경우에서, 그 경계의 연속적이고 의미 있는 선택은 생태적 수지절차에 초점을 맞추게 도와주고, 즉시 설계문제에 보다 많은 적절한 연관성으로 이르게 한다.

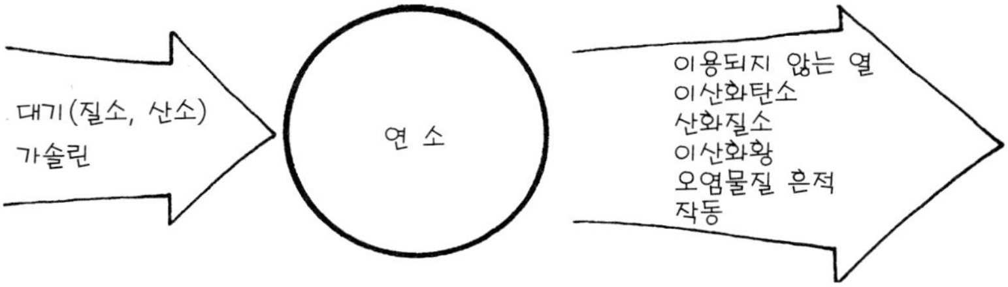

그림 11 • 가솔린 연소

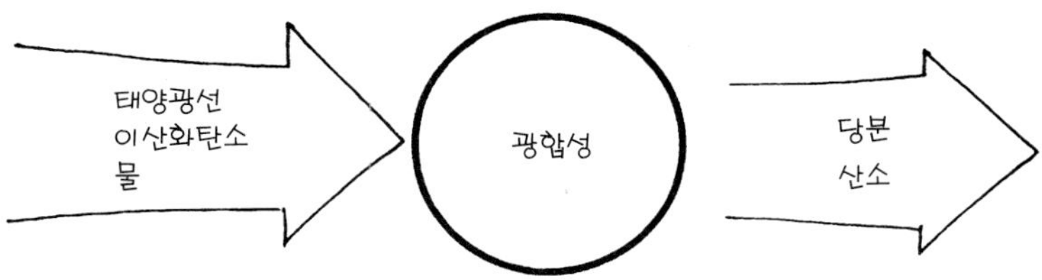

그림 12 • 광합성

만약 우리가 두 가지 친숙한 과정에 대한 생태적 수지를 설정한다고 가정해보자: 가솔린 연소와 광합성. 우리는 하나의 원으로 그려지는 어떤 과정 즉 호흡, 연소, 추출 등을 표현해보자. 강철, 산소, 에너지 그리고 물과 같은 것을 넣는 것은 원으로 들어가는 화살표에 의해 나타난다. 이런 형식과 함께, 가솔린 연소와 광합성은 그림 11과 12에서와 같이 설명될 것이다.

일반적으로 가솔린과 연소와 같은 산업과정들은 1세기 또는 그것보다 짧은 기간에 있어서 인간설계의 창의력임이 명백하다. 이들 과정은 가끔 협의의 목적은 잘 성취한다. 그러나 생태적 비용은 굉장히 많이 든다. 일반적으로 그들은 매우 높은 온도와 압력에서 운영되는 자원 집약적이다. 그들의 쓰레기 부산물들은 10억 분의 1 또는 그 이하 비율의 수준에서조차 위험할 정도의 독성이 있는 물질을 포함한다. 한편, 자연의 과정은 지질학적 시간동안 검정되어졌으며 필요성의 과정들은 삶의 조직과 일치하는 한편, 산업과정은 의식적인 설계노력을 통하여만 감소되어질 수 있는 심각한 영향을 가진다.

가솔린 연소의 경우에서, 에너지-풍부형 연료는 수 백만 년의 광합성 활동으로부터 만들어졌다. 1 갤론의 가솔린이 연소될 때, 그것은 질소와 황산화물 그리고 오존과 같은 다른 물질들의 양을 수반하여 20 파운드의 이산화탄소가 생산된다. 이 과정이 도시 주변 수천 대의 달리는 차에서 반복될 때, 그것은 스모그와 지역적인 산성비를 발생시킬 것이다. 그것이 지구상의 모든 수 백만 차에서 반복될 때, 대규모의 온실효과를 초래할 것이다.

산업화 과정은 에너지와 물질의 이용에 있어서 낭비적이다. 그리고 쓰레기의 생산에 있어서 위험하다. 대조적으로, 자연 자신의 물질대사 과정들은, 즉 광합성과 발효과정과 같이 검약하고 오염이 없다. 실제로, "생물학적 과정들의 정밀한 경제적인 것과 비교해서, 대부분 기존 산업과정들은 기초 화학과 그들이 이용한 에너지 경로의 관점에서 결코 궁극적으로 가능성 있는 효율성과는 거리가 멀어 보인다."[71] 반면에 질소고정 박테리

71) Hardin Tibbs, "Industrial Ecology: An Environmental Agenda for Industry," *Whole Earth*

아는 조용하게 토양 속에서 그들의 작업을 수행하는 한편, 우리는 비료공장에서 똑 같은 목적을 달성하기 위해서 표준압력의 300배와 800°F의 온도를 요구한다.

광합성 과정에서 이산화탄소, 광선 그리고 물은 보통 설탕, 포도당으로 변한다. 광합성은 대단히 우아한 과정이다. 완성되기 위하여 30억 년의 진화된 설계를 가진 과정이다. 그것은 호흡의 일반 부산물(이산화탄소)을 두 가지 주요한 물질, 즉 설탕과 산소로 전환한다. 가솔린 연료와 같지 않게, 광합성 과정은 어떤 쓰레기도 생산하지 않는다. 그것은 일상온도와 압력상태에서 작동된다. 연료는 태양과 물에 의해 채워진다. 놀랄 것도 없이, 생태적 수지는 가솔린 연소에 비해 광합성이 대단히 좋다!

모든 과정들은 에너지 수지의 두 가지 단순 법칙을 준수해야 한다. 첫 번째 법칙은 투입에서 저장된 에너지는 어떤 낭비에너지를 더한 출력에서 저장된 에너지와 동등해야 한다. 가솔린 연소의 경우에서, 가솔린에 저장된 화학에너지는 소모열과 함께 피스톤의 화학에너지로 전환된다.

두 번째 법칙은 그것이 차례차례로 전환이 될 때 에너지는 질 또는 유용성에 있어서 감소한다는 것이다. 가솔린의 화학에너지가 결합과 함께 그 순간에 쉽게 방출되는 한편, 연소에 의해 확산된 열에너지는 단지 부분적으로 회복될 수 있다. 어떠한 과정에서도, 에너지는 사용할수록 점점 더 이용가능성이 감소한다. 동등하게 엔트로피는 증가할 것이다.

이들 두 가지 법칙은 열역학의 근간을 형성한다. 그리고 그들은 1세기 동안 에너지 변환에 대해 기술자와 물리학자를 도우고 있다. 20년 전에, 아모리 로빈스(Amory Lovins)라는 물리학자는 미국의 전체 에너지 체

Review, no. 77 (winter 1992): 15.

계에다 이들 법칙을 응용했다. 그는 "사람들은 '주거용 서비스'로서 경제적 관념과 같은 전력 또는 기름을 원하지 않으며, 오히려 안락한 방, 전기, 차량에 의한 이동, 음식, 테이블과 같은 다른 실질적인 것을 원한다. 이러한 최종 결과적 이용의 필요성은 행해져야 하는 임무의 물리적 형상에 의해 분류되어질 수 있다."[72]고 인식하였다. 그리고 그는 에너지 공급의 질은 최종 결과적 이용과 결합되어야 한다고 주장했다. 예를 들면, 쾌적한 방을 유지하거나 또는 모터를 작동시키는 것이다. 전력과 같은 높은 질의 에너지 자원을 낮은 질의 최종 결과에 이용하는 것은, 마치 우리가 주택을 공기가 새는 자루와 같다고 하는 것처럼, 핵 동력 전기톱을 가지고 버터를 자르는 것과 같이 엔트로피 측면에서는 미친 짓이다. 1970년대의 그의 급진적인 선언들 즉-"흥청망청 살지 말아라", "석유돼지들을 운전하는 것을 중단하라"라는 선언들은 많은 나라에서 정책으로 옮겨졌다.

*소프트 에너지 방법*이라는 책에서, 로빈스(Lovins)는 US 전기소비가 어떤 최종 결과적 이용이 가져다주는 혜택의 희생 없이 과감하게 감소될 수 없음을 보여줄 수 있었다. 핵심적인 것은 효율성이다: 에너지 배급과정에서 보다 적은 단계들, 각각의 단계에서 낭비에너지를 최소화하도록 하는 훌륭한 설계이다. 계산은 분명하다: 전체 효율성은 각 단계에서 효율성들의 합이다. 만약 각 단계가 70%의 효율성을 가진다면, 이것은 바람직한 양상이다. 그 다음 3단계 과정은 34% 효율성을 가질 것이다. 그리고 5단계의 과정은 17% 효율성을 가질 것이다.

만약 전체 효율성이 증가한다면, 그 다음에 최종 결과적 이용의 혜택수준은 에너지 투입이 감소하는 것과 같은 율로 유지될 수 있다. 로빈스

72) Amory Lovins, *Soft Energy Paths* (New York: Harper & Row, 1977), 39.

(Lovins)는 만약 모든 미국인들이 현재의 멍청한 설계제품 대신에 이용할 수 있는 가장 높은 효율성을 가진 냉장고를 채택한다면, 에너지 절약양은 24개 핵 원자로의 작동정지를 허용할 것임을 보였다. 그는 또한 효율성을 통한 수요의 대처가 공급증가보다 더 비용이 싼 방법으로 처리하게 하는 시설과 제어장치를 보여줄 수 있었다. 에너지 효율적인 전등을 가지도록 소비자를 유도하는 것은 새로운 석탄화력 발전소를 건설하는 것보다 경제적으로나 환경적으로 보다 민감할 것이다.

에너지 효율성 또는 네가와트로 판매되는 시장이 이미 있다. 네가와트(negawatt) 또는 네가티브 와트(negative watt)는, 기존의 와트가 증가하는 에너지 공급의 단위인 것처럼, 감소되는 에너지 수요의 단위이다. 전력회사 또는 대규모 고객들은 감소에너지 부하—즉, 네가와트—를 고효율성 전등, 모터, 장치물들; 물리적 식물개선; 방수 등의 현명한 결합을 통하여 그들에게 제공하는 에너지 서비스 회사(ESCOs)로부터의 네가와트를 구입할 수 있다. ESCO를 위한 하나의 일반적 제도는 사업으로써 에너지 절약을 제공하는 것이다. ESCO는 고객을 위하여 적절한 에너지 절약장비를 구매하고 설치한다. ESCO는 장비 그 자체의 설치와 유지를 위해 지불한다. 그것의 보답은 이런 변화로부터 야기되는 에너지 절약을 합리적으로 분담하는 것이다. 고객은 위험을 갖지 않고 에너지 효율성에 대한 연구를 하는데 수백 시간을 소비함이 없이 확고한 에너지 절약을 갖는다. 우리는 물의 네가 갤런(negagallon), 독성 쓰레기의 네가 톤(negaton), 그리고 오일의 네가 배럴(negabarrel)에 대한 시장의 출현을 기대할 수 있다.

모든 과정은 "물질은 창조 또는 파괴되지 않는다."는 물질수지의 기초

법칙에 따라서 행동해야 한다. 만약 탄소원소가 그 어떤 공정에 들어간다면, 탄소원소는 그 공정에서 떠날 수밖에 없다. 이 법칙은 우리에게 가솔린 속의 탄소와 황이 차(車)에서 분명히 방출된다는 사실을 고려하여야 함을 말해 준다. 탄소는 이산화탄소로 대부분 방출되는 한편, 황은 산성비에 기여하는 산화형태로 방출된다. 유용한 생산물로 만들어지는 것에 실패한 물질은 쓰레기 하천으로 흘러들 수밖에 없다: 다른 가능성은 없다. 수많은 유용한 정보는 물질수지의 사려 깊은 균형에 의해 얻어질 수 있다.

물질수지를 소개하기 위하여 노력하는 데서, 많은 나라들은 지금 국가생태수지의 체계를 설정하기 위해 애쓰고 있다. 이들 수지들은 자연재산을－즉 산림, 광물질, 공기, 토양, 물 그리고 등등－경제적 재산의 근거로 계량화하려고 시도한다. 1971년부터 1984년까지 세계자원 연구소의 인도네시아 사례연구에서 이런 생각을 설명했다. 비록 인도네시아의 국가총생산이 매년 7.1% 증가하지만, 자원손실을 위한 조정－석유 매장지, 산림, 토양의 고갈－으로 인하여 4%로 성장률을 낮추었다. 자연재산을 신속하게 "나의 것"으로 하는 인도네시아의 노력은 장기경제전망을 무력하게 할 명백한 경제성장의 붕괴를 가져올 것이다.73)

생태수지는－산업과정, 생산, 건물, 공동체 또는 국가의 수준이든 간에－환경영향을 평가하기 위한 분명한 틀을 제공한다. 그것은 우리에게 생태학과 설계 사이의 연결에 관하여 조심스럽게 보다 많은 것을 생각하게 한다. 생태수지는 생태설계의 핵심적인 분석방법인데, 그것은 지속가능성을 위한 일종의 리트머스 시험지를 제공하기 때문이다.

---

73) World Resources Institute, *World Resources 1990–91* (New York: Oxford Univ. Press, 1992), 235.

생애주기 분석

각각의 물체는 그것 자신의 역사를 갖는다. 예를 들어 당신의 마음에 드는 의자는 아마도 벌채자, 도로 그리고 트럭의 네트워크를 동반하는 벌채사업의 일환으로 수백 마일 떨어져서 수확된 목재에서부터 이루어졌을 것이다. 거기에서부터, 목재는 제재되었고 의자가 되도록 부품을 위해 공장으로 보내졌다. 공장에서 합성수지, 접착제 그리고 니스 공정이 의자로 만들어질 때 적용되었다. 마침내 의자가 포장되고, 선적되어서 보관창고에 있다가 다시 선적되고, 소매점에서 집으로 배달된다. 수십 년 지나면 그것은 아마도 아주 못쓰게 될 것이다. 그렇게 되면 주인은 그것을 수선하거나, 버리거나 또는 어떤 방법으로 조치를 취할 것 있다.

진지한 의미에서, 의자는 생산과 배분이 되는 동안 물질, 에너지, 물 그리고 토지를 구체화 한다. 다른 말로 바꾸면, 이들 영향은 생태적 수지에 대하여 부과된다. 그 의자는 여러 가지 형체를 가지면서 북미를 가로질러 하천, 산림 그리고 산의 건강과 직결된다. 베트남 승려 틱 낫 한(Thich Nhat Hanh)은 그것을 이와 같은 방법으로 표현했다. "우리가 의자를 볼 때, 우리는 목재를 본다. 그러나 우리는 나무, 숲, 목수 또는 우리 자신의 마음을 관찰하는 것은 실패한다. 우리가 그것에 대해 명상을 할 때, 우리는 그것에 얽혀있는 그리고 의자의 상호관계 모든 것에서 전체 우주를 볼 수 있다. 목재의 존재는 나무의 존재를 나타낸다. 잎의 존재는 태양의 존재를 나타낸다."[74] 생태설계는 모든 문제들이 — 그러므로 모든 해결책 — 이런 관계성으로부터 발생된다는 것을 인식한다.

---

74) Thich Nhat Hahn, *The Sun My Heart* (Berkeley: Parallax Press, 1988), 90.

시간에 따른 환경영향을 보면, 우리는 우리가 이용하는 것들의 전체 역사들을 점검하게 된다. 우리는 그것들의 창조에 책임질 수 있는 과정을 이해하는 것이 필요하며, 그것들이 재료와 에너지를 보존하는지 낭비하는지 결정하는 것이 필요하며, 그것들이 독인지 혜택인지 그리고 그들이 각 단계에서 일하는 사람들의 건강을 향상시키는지 저하시키는지 결정할 필요가 있다. 생태설계는 우리가 이용하는 모든 것에 관해 질문을 요구한다. “무엇이 이것을 만들기 위해 희생되었는가? 사람, 동물 그리고 자연에게 어떤 해로움이 그것의 탄생에 의해 일어났는가? 또는 사람, 동물 그리고 자연에 도움을 주는 사랑을 가진 일련의 과정에서 만들어졌는가? 즉, 우리는 경제적 과정에 대한 매우 어려운 질문을 해야 하며 그리고 우리는 인간과 생태적 가치에 적용해야 합니다 · · · 완전한 정보로서 우리는 지금 이런 것을 주장하고 또 사랑할 수 있습니까?”[75] 이러한 종류의 생애주기 분석은 제조, 이용 그리고 결국 재활용 또는 폐기를 통하여 천연재료의 추출로부터 전체 생애주기 동안 초래된 영향에 대한 세부적인 이해로 순환된다.

현재 터너 파운데이션(Turner Foundation)의 이사인 피터 배호쓰(Peter Bahouth)는 산업농업에 대한 환경적 결과를 제기하기 시작한 일반 북미 토마토에 대한 일종의 생태적 전기를 연구하고 글을 쓰는데 약간의 어려움을 겪고 있다. 그는 그것을 “북미 지역 보고서 또는 킬러(Killer) 토마토의 공격”으로 부르면서 그것을 “불안정한 과일”[76]로 소개한다.

---

75) Andrea Cowles, *Archipelago*, no. l (spring 1992): 14–15.

76) Peter Bahouth, *Seeds of Change* catalog (Santa Fe, N.Mex.: 1994), 61.

배호쓰(Bahouth)가 기술한 것과 같이, 토마토는 협동농장 또는 미개발 국유지(ejidos)에 참여한 멕시코 농부들에 의해 멕시코 땅에서 길러졌다. 그 씨앗은 잡종—멕시코 유전적 성질에 기초하는데—이었으나, 지금은 미국 캘리포니아 데이비스 대학교에 의해 납세자기금연구에 연관된 유전공학 회사에 의해 특허를 얻었다. 그 땅은 현존하는 화학물 중 오존을 가장 잘 고갈시키는 것 중의 하나인 취화메틸(메틸브로마이드)을 가지고 훈증 소독했다. 그 다음에 그 땅은 독성살충제로 가득 찼다. 살충제 제조과정으로부터 생산된 폐기물은 에멜레(Emelle), 알라바마(Alabama)에 있는 세계에서 가장 큰 유독성 폐기물 처리장으로 보내졌는데, 그곳은 빈민 흑인마을이 가까이에 위치하고 있는 곳이다.

협동농장에 배치된 멕시코 노동자들은 그들이 사용한 살충제로부터 아무런 보호조치가 없었다. 그들은 이런 위험한 물질의 적당한 사용방법에 대한 어떤 교육도 받지 못했다. 노동자들은 하루에 2.5$ 벌며 건강관리에 대한 배려는 없었다.

그 토마토는 플라스틱 칸막이 상자에 넣어지고, 플라스틱 랩으로 감싸져서, 그 다음에 판지상자에 넣어진다. 플라스틱은 텍사스 주의 포인트 컴포트(Point Comfort)로부터 염소 화학물로 만들어졌다. 포인트 컴포트의 주민들은 염소제조의 부산물에 의해 맹독성인 다이옥신의 노출로부터 갖가지의 건강 후유증에 직면했다. 판지상자는 캐나다의 브리티시컬럼비아 주에 있는 약 300년 된 고대 산림의 일부에 의해 시작되었고, 미국 오대호에서 제작되었고, 그 다음에 연합 트럭회사에 의해 라틴아메리카 농장으로 보내졌다. 전체 과정은 멕시코의 캠페취(Campeche) 만의 석유를 연료로 사용했으며, 세브론 석유회사에 의해 채굴되었으며, 멕시코 국가 석유회사인 PEMEX에 의해 정제되었다.

포장된 토마토는 에테르 작용에 의해 인위적으로 익는다. 지금 그것은 맛도 없고 영양적으로 손상된 상태인 토마토는 대륙 전체에 걸쳐 냉동트럭에 의해 보내졌다. 트럭과 배급센터는 오존을 고갈시키는 CFC 냉장장비에 의존한다. 최종적으로 토마토는 신선하지 않으며, 또한 물기가 많은 상태로 우리의 접시 위에 샐러드용으로 도착하였다.

배호쓰(Bahouth)의 토마토는 특히 건강에 해로운 생산물로서 신중하게 선택되지 않았다. 이런 토마토를 위한 생태수지를 조사할 때, 그는 오존결핍으로부터 지구온난화로 다이옥신 오염에 이르기까지 환경 부수적인 후유증에 대한 거대한 연결망을 밝혀냈다. 오렌지, 칫솔 또는 수첩에 대한 생애주기는 후유증의 유사한 연결망을 보여줄 것이다. 배호쓰(Bahouth) 토마토가 단독으로 재배파괴, 경관훼손 또는 기후변화를 하지 않지만, 이런 모든 것들을 행하는 체계의 종합부분이다. 훼손은 설계와 양심에 대한 작은 실패들의 연속을 통하여 천천히 집적된 것이다.

환경보호청은 이미 생산과 그 과정을 규제하는데 이용하기 위하여 공식적인 생애주기분석 프로젝트를 착수했다.[77] 이 프로젝트는 산업체와 정부 양쪽 모두가 이용할 수 있는 생애주기분석 방법론을 표준화하기 위한 시도이다. 이런 "원형" 사례 중 하나는 비누인데 그것은 놀랄만한 복합 연결과정으로 얽혀 있는 것으로 드러났다. 그것의 성분은 수산화나트륨, 수지, 화학제, 색소 그리고 방향제로 구성된다. 수산화나트륨은 우리에게 암염광산과정에 이르게 하고, 수지는 젖소산업에 이르게 한다. 실제로 전체

77) 이러한 예는 Joel Makower, *The E Factor: The Bottom-Line Approach to Environmentally Responsible Business* (New York: Random House, 1993), 44.

비누제조과정은 포장에서부터 소매점과 소비되는데 이르기까지 또 다른 연속 과정의 시작점이 된다.

이런 것과 같이 생애주기분석은 일종의 생태수지에 대한 사례이다. 그것은 자원개발로부터 제조과정, 배급과정, 소매과정, 소비과정과 폐기과정을 통한 다양한 단계의 경제적 활동에 대한 상대적 영향을 나타낸다. 게다가 그것은 생태적으로 건전한 선택을 하는 방법이다. 생산물을 구매하는 것은 그것의 생애주기인 모든 단계에서 간접적으로 지원하는 것이기 때문에, 이런 단계들이 어떻게 파괴적인가를 아는 것이 중요하다.

최근 독일법령은 이론에서부터 실천에 이르기까지 생애주기분석을 하도록 강구했다. 그것은 자동차제조회사에서 만든 각각의 차를 회수하기 위하여 자동차 제조회사에게 요구한다. 그리고 완전하게 그들의 구성요소 부분을 재활용하기 위해, 이런 법은 차가 분해될 때, 가능한 많은 가치를 가지면서 재사용되는 새로운 종류의 설계에 대해 직접적인 인센티브를 준다. 그것은 이전보다 보다 적은 재료를 이용하는 방향으로, 그리고 모듈방식의 설계방향으로 박차를 가한다. 그래서 재활용할 때, 차가 보다 쉽게 이용 가능한 요소로 분해될 수 있도록 한다. 산업체계로 차의 "폐기"와 생산하는 것이 바로 시작부터 설계에 고려된다.

생산품을 만드는 다양한 재료의 재활용에 있어서 설계를 위한 이런 시도는 *해체를 위한 설계*라 한다. 그런 설계는 현명하게 재활용과 재이용을 기대하며 활성화된다. 그것은 직접적으로 생산물 제조에서 천연재료에 대한 요구를 감소한다. 덧붙여서 재활용된 재료를 재제조하는 것은 원재료로부터 제조하는 것보다 에너지 소비 측면에서는 훨씬 적다—알루미늄의 경우 95% 조금 못 미친다.

독일정부는 또한 그들 생산물의 생애주기에 대해 완전히 책임질 수 있는 제품을 만들기 위하여 EPEA에서부터 제안한 것을 신중히 고려한다. EPEA는 생산물을 세 가지 범주로 구분할 것을 제안했다. 즉 소비형 생산물, 서비스형 생산물 그리고 비시장형 생산물이다. 이런 "현명한 생산체계" 하에서 소비형 생산물은 완전히 생물분해형(biodegradable)일 수 있고 이용 후 안전하게 폐기될 수 있다. 서비스형 생산물은 – TV세트 또는 자동차와 같은 생산물 – 그들이 기능을 다한 후 그들 제조회사에 의해 완전히 재활용될 수 있어야 한다. 비시장형 생산물은 안전하게 이용될 수도 또는 처리될 수도 없다. 그들은 화학적으로 제조회사의 분자기호가 표시되어야 한다. 그리고 쓰레기 "주차장"에서 안전한 보관을 유지해야 한다. 누수 또는 부수적인 경우에 문제가 되는 화학물질은 그들 제조회사로 소급 추적될 것이다. 그리고 제조회사는 엄격한 처벌을 받을 것이다.[78]

미국에서 미국건축가협회(AIA)는 건축가 사이에 재료, 에너지 그리고 독성문제에 보다 심층적인 관심을 고조시키고 있다. AIA의 "차별화시키기: 환경자원 지침서"로부터 채택된 다음과 같은 질문 목록은 건축 환경측면에서 생애주기 사고에 대한 사례를 제공한다.[79]

① 얼마나 많은 "구체화된" 에너지가 건물 전체 생애주기 동안 건물재료를 만드는가?

② 얼마나 많은 에너지가 재료와 그것과 관련된 생산물을 제조하기 위해 요구되는가?

---

78) Michael Braungart and Justus Engelfried, "The Intelligent Products System," *Bulletin of the Environmental Protection Encouragement Agency* (1993).

79) Guidelines from the AIA presented in *Architecture* 80, no. 5 (May 1991): 118.

③ 얼마나 많은 에너지가 공급지에서 프로젝트 부지로 재료를 운반하는데 이용되는가?

④ 재료의 제조에 이용된 에너지 자원들이 재생가능하고 지속가능할 수 있는가?

⑤ 같은 적용에서 에너지 소비가 적고 수명이 보다 긴 대안들이 있는가?

⑥ 이용 가능한 재료들이 그 지방에 있는가?

⑦ 재료들이 구조적인 측면에서 이용가능한 수명이 끝난 후 재활용되고 재이용될 수 있는가?

⑧ 재료의 재활용이 얼마나 쉬운지 어려운지?

⑨ 다른 건설체계가 건물수명이 다한 후 자원 재활용을 위한 보다 좋은 기회를 제공하는가?

⑩ 재료가 구조적 측면에서 유용한 동안 얼마나 많은 유지관리를 요구하는가?

⑪ 얼마나 많은 에너지 집약이 유지관리제도에 있는지?

⑫ 유지관리 동안 쓰레기 부산물이 생산되는지?

⑬ 재료는 건강 또는 안전위험을 나타낼 수 있는 특별한 코팅 또는 처리를 요구하는지?

⑭ 만약 재료가 설치동안과 설치 후 가스누출이 발생한다면 실내공기의 질은 얼마나 영향을 받는지?

⑮ 환경적으로 중요한 제조과정 동안 위험한 고체, 수용성 또는 가스상태의 쓰레기가 발생하는지?

⑯ 제조, 조립 그리고 설치로부터 발생하는 쓰레기의 양과 대안적 재료로부터 그들의 양과 어떻게 비교되는가?

이들 질문들은 우리에게 새로운 방법으로 건설하는 것을 검토하는데 도움을 준다. 예를 들면, 두 번째와 세 번째 질문은 우리에게 얼마나 많은 에너지가 이용, 제조 그리고 건설재료를 운반하는 것에 대해 요구되는지를 고려하도록 요청한다.

최근의 한 연구는 다양한 재료에 대한 이런 *구체화된 에너지*에 대한 계량적 평가를 제공한다. 목재는 톤당 639kw-시간의 최저 구체화 에너지를 갖는다. 벽돌은 그 다음인데 목재의 4배이며, 그 다음으로 콘크리트는 목재의 5배, 플라스틱은 6배, 유리는 14배, 강철은 24배 그리고 알루미늄은 126배이다.[80] 다양한 재료를 위한 구체화된 에너지 측면에서 폭넓은 변이는 이것이 중요한 설계 이슈가 됨을 확실히 한다.

생태적 수지는 인식에 대한 고통스런 쇼크를 일으킬 수 있다: 소비자 또는 설계자로서 우리 자신의 선택은 가끔은 아니지만 수천 마일 멀리 떨어져 있는 데서 발생하는 환경영향에 연관되어 있다. 만화주인공 포고(Pogo)의 말에서, "우리는 적을 만났는데, 그는 우리들이다" 질적으로 양적으로 영향들을 규명하는 것은 우리들의 현재 실무를 개선하는 방법이다. 분명한 생태적 수지는 생태설계를 위한 맥락을 설정하는데 도움을 준다.

흐름에 따르기

만약 우리가 생태적 수지를 건물, 캠퍼스 또는 지역사회를 유지하기 위하여 필요한 자원흐름으로 관심을 갖는다면－즉 전력, 물, 음식 등등－,

80) John Tillman Lyle, *Regenerative Design for Sustainable Development* (New York: John Wiley & Sons, 1994), 119.

우리는 우리의 삶을 지탱하는 체계에 대해 보다 민감하게 될 것이다. 지난 가을, Sim은 미국 유스호스텔 연합에 의해 경영하고 있는 4개의 샌프란시스코 만 지역 호텔에 중점을 둔 설계 스튜디오를 운영하였다. 한 집단의 학생들은 메이슨과 어패럴(Mason and O'Farrell) 거리에 위치하고 있는 도심 샌프란시스코 호텔의 흐름을 관찰하기를 시도했다. 그들은 관심에 대해 6가지 영역을 선택하였는데 즉 전기, 쓰레기, 천연가스, 재활용, 하수 그리고 물이다. 그들은 호스텔 경영자에게 현실적인 제안서를 주었다. 환경영향에 대한 기본적 사실들을 제공하는, 그리고 호스텔이 참여하고 있는 보다 넓은 자원 흐름을 지도화 했다. 그들은 일련의 다양한 언어의 발표용 게시판으로(영어, 불어, 독일어, 스페인어 그리고 일본어) 그들의 결과를 상술하였다. 학생들의 연구 중 요약할 가치가 있는 것을 여기서 소개한다.

전기 지방전기회사, 태평양 가스와 전기회사는 폭넓은 공급원으로부터 전기를 얻는다. 이들은 서부주와 캐나다(25%), 샌프란시스코 남부의 8개 화석연료 발전소(25%), 샌 루이스 오비스포(San Luis Obispo) 가까이의 핵발전소(원자력 발전소 17%), 시에라네바다에 있는 70개 수력발전소(8%), 샌프란시스코 북쪽 수백 마일의 지열발전소(8%) 그리고 앨타몬트 패스(Altamont Pass)로부터 풍력발전소와 죽음의 계곡으로부터 태양열발전소(17%)를 포함하는 기타 자원으로부터 수입된다. 이것은 대단히 다양한 공급원을 보인다.

쓰레기 샌프란시스코는 하루에 1,200 ton의 쓰레기가 발생한다. 그것은 1인당 8파운드에 일치하는 것으로 국가 평균의 거의 2배에 달한다.

이들 쓰레기는 수거되어 도시의 남쪽 지점에 운반하기 위하여 트럭에 실려진다. 약 100대의 대형 트럭들은 앨트먼트 매립지로 동쪽 70마일로 쓰레기를 운반한다. 이 거대한 매립장은 1,528 에이커에 달한다. 6,000가구 이상으로 공급할 수 있는 현지 내 생물가스 재생시설이 있다.

천연가스 태평양 가스와 전기회사의 공급원들은 캘리포니아 가스전(11%), 앨버타 가스전(51%), 남서 가스전(38%)을 포함한다. 그 회사는 1990년에 약 7,000억 큐빅피트의 천연가스를 공급하였다.

재활용 사용된 유리는 녹여져서 오클랜드에서 새로운 상품으로 태어났다. 사용된 플라스틱 병들은 남부 캘리포니아에 있는 치노로 트럭에 운반되어서 다양한 범위로 재제조되었다. 알루미늄은 처리를 위해 텍사스로 선적되었다. 사용된 종이와 판지의 대부분은 태평양 연안국가로 보내져서 새로운 종이와 판지로 만들어졌다.

하수 매일 해안 종말처리장은 2200만 갤런의 처리된 폐수를 태평양 바다에서 4.5마일 떨어진 지점에 투기하고 있다. 노쓰 포인트(North Point) 종말처리장과 남동 종말처리장은 샌프란시스코 만에 6,000갤론을 투기한다. 이것은 1인당 111갤론의 오수를 버리는 작업이다.

물 물은 고지대 시에라의 눈 녹음에서 시작한다. 그것은 통제된 저수지와 송수관의 복잡한 체계를 통과한다. 결과적으로 시 저수지에서 처리되고 저장된다.

흐름의 관찰에 대한 교육적 가치는 엄청나다. 설계에 관해 생태적 함축을 이해하는데 실천적, 윤리적으로 이용되는 방법이다. *보다 나은 교육*을 위한 새로운 방향에 대한 최근 이슈에서 "캠퍼스와 환경책임성"은 학생과 교수가 많은 대학에서 자원흐름을 추적한 일련의 사례를 보여준다: UCLA, Tufts, 브라운대학교, 캔자스대학교, 위스콘신메디슨대학교, Hendrix College 그리고 기타 대학들. 이런 이슈에서 데이비드 더블유 오르(David W. Orr)는 이런 활동에 초점을 맞춘 커리큘럼의 개설을 제안한다. "제도적 자원 흐름에 대한 연구는 직접 볼 수 있는 즉시적이고 결과로서 일어나는 한 방법으로 학생들과 연관되는 비재래적인 교육방법을 제안했다. 음식연구에서 각각의 대학행정기관으로 연결된 제안들에 대한 준비서를 통해 전 과정에서 학생들은 각 단계에 참여했다. 그 과정에서, 학생들은 그들 제도들이 어떻게 작용했는지 배웠다; 그들은 농업, 경제학, 생태학 그리고 윤리학에 관하여 배웠다; 그들은 지속가능하지 않고 정당하지도 않은 식량서비스체계에 그들이 관련되어 있다는 것을 배웠다."[81] 그런 비전통적인 커리큘럼은 환경의사결정에서 활동적 참여를 강조했다.

캠퍼스 생태학의 가장 최근 연구 중 하나는 1986년 알칸사스주 Hendrix College에서 시작되었다. 오르(Orr)의 Meadow Creek 프로젝트의 지침 하에서, 학생들은 학교의 카페테리아에서 봉사된 음식의 자원을 추적하면서 여름을 보냈다. 노트패드와 비디오카메라를 갖추고, 학생들은 음식공급처를 기록하려고 나라 곳곳을 여행했다. 그들은 카페테리아 음식의 단지 6%만 농업강세지역인 알칸사스주로부터 왔다는 것을 발견했다.

야채와 과일은 영양 가치와 관계되는 손실을 가지면서 캘리포니아로부터 2,000마일을 이동했다. 캘리포니아에서 경작자들은 "그들 생산물이 장

81) David W. Orr, "The Problem of Education," *New Directions for Higher Education*, no. 77 (spring 1992): 6.

기간 트럭 적재에 알맞도록 개발했고, 그들은 영양질에 대해서는 관심이 없었다는 사실을 학생들에게 솔직히 인정했다."[82] 또한 화학보존제로 냉동, 캔, 포장하는 것은 생산물의 질을 개선하지 않는다. 게다가, "육우는 캠퍼스의 경관 내에서 풀을 뜯어 먹는 반면에, 캠퍼스 식당에 제공되는 육류는 텍사스에 있는 대규모 비육장으로부터 온다. 비육장에서 한정된 공간의 스트레스 상태 하에 길러진 육우는 방목소와 같은 맛을 가지지 못한다. 아이오와 주에서부터 온 지방은 맛을 개선하기 위하여 고기에 보탠다. 그 다음에 식용육은 캠퍼스로 선적되었다."[83] 캠퍼스 음식 - 서비스 산업의 중요한 원칙은 영양적으로 건전한 식사가 아닌 또는 장소와 결합된 것이 아닌 준비하는데 간편한 식사가 최상으로 평가된다.

1988～1989년에, 보다 많은 자금이 캠퍼스 음식서비스의 구매 습관을 변화하기 위하여 사용되어졌다. 지방 농부들은 셀프서비스 식당을 위한 식량을 재배하도록 장려되었다. 그리고 요리사는 부가적인 훈련이 주어졌고, 새로운 음식자원들을 통합하는 메뉴를 개발하는데 도움을 주었다. 캠퍼스는 지방지역사회에서 많은 좋은 평판을 얻었다. 왜냐하면 구매처인 캠퍼스 식당은 경제적 자금의 직접적 근원이었다. 지금 알칸사스주산 재료가 모든 구매된 음식의 약 30%이다. 연구의 시작에서는 6% 정도에 불과했다. 지방적 산물을 가지고 준비된 항목들은 음식재료를 나타내는 작은 상표를 가지고 라벨을 붙였다. 이 연구에서 음식체계의 흐름의 관찰은 지방농부를 지원하고 보다 영양가 있는 음식을 학생들에게 제공하는 환경적으로 덜 파괴적인 체계로 가는 방법을 열었다.

---

82) Gary L. Valen, "Hendrix College Local Food Project," *New Directions for Higher Education*, no. 77 (spring 1992): 79.

83) Ibid.

생태적으로 종사하는 예술가들의 신세대는 자원흐름을 우리 삶의 실체적인 부분으로 만드는데 바쁘다. Hendrix 카페테리아 메뉴와 같이 학생들에게 음식의 재료를 생각하도록 하는 것과 같이 뉴욕시 예술가 미엘레 우클레스(Mierle Ukeles)의 작품은 우리로 하여금 쓰레기와의 관계성을 생각나게 한다. 1977년 우클레스(Ukeles)는 뉴욕시 위생과에 상주하는 첫 예술가가 되었다. 그의 첫 번째 행동은 11달째 계속 *위생과 접촉*(*Touch Sanitation*)인데, 이것은 시 소속 위생근로자 모두와 악수하는 것이다. 우클레스(Ukeles)는 확신하기를

> 쓰레기 설계는 우리 시대의 대단한 공공설계가 되어야 한다. 나는 전체 그림에 대하여 말하고 있다: 재활용시설물, 운반지점, 트럭, 매립장, 저장소, 물 처리공장, 강 등에 대하여 말하고 있다. 그들은 시간과 대기, 땅, 물의 건강을 말하는 우리 시대의 거대한 시계이며 온도계일 것이다. 또한 그들은 완전히 양면성 즉 공공의 대재앙일 것이다. 만약 우리가 생존하려면, 그들은 생존에 대한 우리의 상징일 것이다.[84]

1983년 이래, 우클레스(Ukeles)는 *Flow City*라 부르는, 허드슨 강을 따라 서부 59번가 차도에 있는 해양 환승역에 장소를 제공받아서, 복잡한 구성에 관한 작업을 하고 있다. 환승역에서 스테이튼(Staten) 섬에 있는 프레쉬 킬스(Fresh Kills)[85] 매립장까지 바지선으로 나르기 위해 트럭이 선착장으로 쓰레기를 운반한다. "통행경사로"는 용기 있는 방문자

---

84) Barbara Matilsky, *Fragile Ecologies: Contemporary Artists' Interpretations and Solutions* (New York: Rizzoli, 1992), 78.

85) 역자 주: 프레쉬 킬스는 현재 공원으로 변모되고 있다. 공원으로 재생하는 국제 현상설계 공모가 진행되고, 제임스코너가 운영하는 필드 오퍼레이션이라는 설계사무실의 안이 당선되었다.

에게 재활용 예술의 거대한 파노라마를 보여준다. 경사로를 따라 "유리, 금속, 플라스틱의 재료들이 분리되고, 매달리고, 나선형으로 합쳐진다. 우클레스(Ukeles)의 공간을 통하여 쓰레기는 잘못된 문화의 개념으로 소개한다. 만약 쓰레기에 관해 단지 전통적인 사고가 변화될 수 있다면, 모든 쓰레기는 내재된 가치가 있다."[86] 248ft 통행로의 끝에, 방문자는 기다리는 바지선에 그들의 내용물을 투기하는 트럭을 보기 위하여 "유리 다리"로 걸어갈 수 있다. Ukeles는 이런 공간을 "투기의 격렬한 현장"으로 서술한다. "유리다리"는 "매체흐름벽(Media Flow Wall)"에서 끝마치는데, 그곳에는 프레쉬 킬스(Fresh Kills)와 일상의 재활용 노력에서 허드슨 강, 매립지 운영, 그리고 복원노력에 대한 생방송과 사전 녹화된 영상을 전시하는 24대의 비디오모니터가 설치되어 있는 곳이다. "도시흐름"은 방문자에게 쓰레기와의 관계성을 재고하게 하기 위한 뉴욕시의 쓰레기 흐름에 대한 완벽한 해석이다.

생태적 수지의 새로운 응용은 자원흐름과 우리를 지탱하는 경관과 관계하는 방법을 제공하는 것이다. 윌리엄 리즈(William Rees)는 벤쿠버에 있는 브리티시컬럼비아 대학교에 커뮤니티와 지역계획학과 교수인데, 도시지역을 계산하는 것을 시도했다. 그것은 음식, 산림생산물과 화석연료를 가진 벤쿠버-Lower Fraser Valley 지역의 170만 주민에게 지속 가능하게 제공하는 것을 요구하기 위함이다. 리즈(Rees)는 각각의 주민에게 캐나다인 평균 식사를 제공하기 위하여 2.7 에이커, 산림생산물을 제공하기 위해 1.2 에이커 그리고 현재 화석연료 이용을 대체하기 위하여 충분한 재생 가능한 바이오매스를 제공하기 위하여 8.6 에이커의 토지가 필요

86) Ibid., 76.

하다고 평가했다. 1인당 12.5 에이커 곱하기 인구 170만 명을 하면 2,100만 에이커의 면적 즉, 지역 자체 면적보다 22배 더 넓은 면적이 지역을 위한 기초자원을 제공하기 위하여 필요하다는 것을 알았다.[87]

이런 결과는 우리로 하여금 소비의 유형과 설계의 실천에 관하여 보다 조심스럽게 사고하도록 촉구하고 있다. 생태적 수지는 우리에게 곤란한 질문을 요구하고, 또한 상세한 대답을 찾도록 격려한다. 경제적 제한인자에 대처하는 한편, 환경적 영향을 최소화하는 설계는 분명해야 하며, 그들 영향을 평가하기 위하여 포괄적인 방법 없이 개발될 수 없다. 에너지, 물, 재료 그리고 다른 주요 변수에 대한 명백한 수지설정은 생태설계과정을 위한 중요한 지침을 제공한다.

87) William E. Rees and Mathis Wackernagel, "Ecological Footprints and Appropriated Carrying Capacity: Measuring the Natural Capital Requirement of the Human Economy," in *Investing in Natural Capital: The Ecological Economics Approach to Sustainablity*, ed. AnnMari Jansson et al. (Washington, D. C.: Island Press, 1994), 370–1.

자연과 함께 하는 설계
- 제 3 원리

살아있는 과정을 대상으로 일함으로써, 우리는 우리 자신과 대처하는 한편 모든 생물 종의 요구를 존중해야 한다. 고갈보다는 오히려 재생하는 과정에 종사하면서 우리는 보다 더 한층 활동적이게 된다.

자연과 파트너쉽

진화는 세포의 신진대사 율동에서부터 생물권을 유지하는 거대한 주기에 이르기까지 동시에 전체에 대해 여러 수준에서 발생한다. 이러한 총체적 통합 수준은 건강에 대한 그들 자신의 독특한 양식에 의해 유지되고 있다. 자연과 함께 설계함으로써, 건강에 대한 그들 양식들을 대상으로 일함으로써, 우리는 살아있는 세계와 양립할 수 있는 설계를 갈망할 것이다.

각 수준의 본래의 모습은 그들 자신의 작용논리를 나타낸다. 세포는 신호와 영양분을 교환함으로써 이웃과 관계하면서 생활한다. 유기체의 군집사회는 먹이망과 서식처에 의해 협동과 경쟁으로 함께 엮어진다. 생물권 자체는 모든 생명과 상호관계하면서 작용한다. 각 수준은－세포, 유기체,

생태계, 생물지역, 생물권―중요한 설계의 기회요인들과 제약요인의 연속을 나타낸다.

자연과 함께 하는 설계는 각 수준을 위한 건강에 대한 선결조건에 주의하면서 해로운 영향을 연속해서 감소하기 위한 전략이다. 설계에 대한 이런 철학은 언어와 인식론의 변화보다 더 많이 나타난다. 그것은 어떤 것이 만들어지고 경관이 사용되는 방법에 있어서 하나의 변화이다. 자연과 함께 하는 설계는 결국 생태적으로 혜택을 주는 해결이 건강에 대한 생명체 자신의 양식을 가장 잘 이용할 때 가능하다는 것을 인정한다.

삶과 시간에 의해 연마된 이런 유형들은 쉽게 열거될 수 없다. 그들의 분별 있는 작업은 끝이 존재하지 않는다. 또는 그들을 효과적이고 문화적인 양 측면을 적절하게 하는 설계 안으로 변형시키는 작업은 끝이 존재하지 않는다. 그들은 자연 스스로 발생하는 수용력과 같이 고갈되지 않는다. 자연과 함께 하는 설계는 자연과 계속되는 파트너쉽을 제안하며, 이것은 인간과 생태계 둘 다에 이로움을 줄 것이다.

우리가 자연 안에 있고, 자연도 우리 안에 있다. 우리는 "다중 관점, 즉 양식으로서 설계를, 자연의 설계자와 자연의 설계물로서 우리 자신"[88]이라는 흥미 있는 다의성에 직면한다. 이것은 생태설계란 자연과 함께 하는 축적된 참여의 결과임을 제안한다. 그것은 그들 안에서 설계를 위한 새로운 맥락을 발견하면서 자연의 근본적인 완전무결을 반영한다.

생태설계는 자연과 문화의 공진화로서 말할 수 있다. 그것은 인간사회와 다른 생물군집사회 사이의 일종의 계명이다: 설계에서 어떤 것도 자연

88) Susan Oyama, "The Concepttualization of Nature: Nature as Design," in *Gaia 2: Emergence: The New Science of Becoming*, ed. William Irwin Thompson (Hudson, N. Y.: Lindisfarne Press, 1991), 180

의 광범위한 완전무결을 어겨서는 안 된다.[89] 우리는 현재 각 수준에서 이런 계명을 어기고 있다. 우리는 단일 세포에 대한 유전자 성질을 바꾸며, 전체 종의 전멸, 심지어 기후를 교란시키고 있다.

독성물질의 경우가 교훈적이다. 이런 물질은 자연에 보편적인데, 그들은 필요할 때, 소량으로 아주 특별하게 생산되며, 완전한 생물분해성이다. 방울뱀 독은 뱀 내부에서 사용할 필요가 있을 때 생산된다. 그것은 중앙에서 생산되어, 엎지르면 전체 생태계를 위협하는데, 나라를 가로지르기 위하여 독극물용 트럭이나 화물용 기차에 선적되지 않는다.[90] 살아있는 세계에 친숙하지 않거나 파괴적인 독성물질을 가지고 작업하도록 선택함으로써, 우리는 자연과 우리의 계명을 파기하고 있다.

독창적인 책, *자연과 함께 하는 설계*(*Design with Nature*)에서 이안 맥하그(Ian McHarg)는 "우리의 눈은 우리를 세상에서부터 분리하지 않으며, 우리를 세상과 결합시킨다. 이것이 진실인 것으로 알려지게 하자. 분리의 단순성을 포기하게 하며 결속을 이루자. 그 자체에 내재된 우리의 방식으로 행한 자기 자신을 절단하는 일을 포기하게 하도록 하자. 그리고 인간과 자연의 가능한 조화를 표현하게 하자."[91] 이런 조화는 명백히 진화적인 설계, 완전무결성에 대한 각각의 수준을 존중해야 한다. 실제로, 인간과 생태계와의 관계에서, 우리는 물질흐름에 그것의 동화능력을 결합시키고, 중요한 서식지를 보전하고, 모든 가능한 방법으로 끊임없는 생명력을 위해 꼭 필요한 양식을 존중해야 한다.

---

89) 이 부분의 관해서 유용한 토의를 나눈 Kary Langstaff에게 감사한다.

90) 이 비유는 Hardin Tibbs의 강의에서 비롯되었다.

91) Ian McHarg, *Design with Nature* (Garden City, N. Y.: Natural History Press, 1969), 5.

이런 조화는 명백히 제한요인에 대해 부정적인 가치를 갖는데—"이 한계를 침범하지 마라." "이 땅을 훼손하지 마라."—그것은 또한 해결책의 무한히 풍부한 자원이다. 이런 조화를 가장 심오하게 반영하는 설계는 그들 스스로 그것의 살아있는 부분이다. 추상적인 의미에서 단지 자연을 흉내내는 것이 아니라, 건강이 주어지는 방법으로 살아있는 춤에 참여한다. 자연은 순수하게 문화영역을 엄격하게 분리한 것을 유지한 설계를 위한 모형은 아니다. 자연은 그 안에서 설계가 정체성을 발견하는 매트릭스이며 전체의 건강에 기여하는 응집력이다. 생태설계는 엽맥이 나뭇잎 내에서 분명히 짜여지듯이 생태계 내에서나 생물지역 내에서 짜여진다. 그들은 그 안에서 생명, 흐름, 과정을 향상시키는 방법으로 기존 구조에 채워진다.

이 장은 자연과 함께 하는 설계에 대한 어떤 함의를 살펴보고자 한다. 그것은 어떤 마음에 드는 사례에 대한 반짝하는 조명, 요약된 탐구를 제공하고자 한다. 자연과 협동적인 열린 설계가능성은 살아있는 세계 그 자체에 의해 그것이 차용된 것과 마찬가지로 제한적이지 않기 때문에, 논의는 소모적이기보다는 제안적이다.

쓰레기는 음식과 동일하다

캘리포니아의 온대우림의 한 곳을 걸어보아라. 그러면, 당신은 수천 년 동안 균류의 먹이와 동물의 피난처 역할을 한 쓰러진 미국삼나무(레드우드)를 볼 수 있을 것이다. 부패로부터 새로운 나무가 싹을 틔운다. 성장에 대한 모든 과정들이 부패의 과정과 연결되어 있기 때문에 산림군집사회는 수 세기동안 건강을 유지하고 있다.

단순 형태에서부터 복잡한 형태로, 다시 되돌아가는 순환요소들은 수백만 종들의 보완적인 활동을 위해 중요하다. 미국삼나무의 생존을 위해 필요한 많은 중요한 합성물질들은 미국삼나무의 삶과 부패에 의해 길러지는 식물, 균류, 곤충을 위한 친숙한 먹이가 된다. 이 순환적이고 상호의존적인 경제 질서는 본질적으로 다양하고 지속가능하다. 그것은 검약과 재생으로 말할 수 있다.

*영농: 핸드북*에서 웬델 베리(Wendell Berry)는 이런 방법으로 농부에 관하여 말한다.

> 나무를 가꾸는 사람, 정원사, 농사를 짓도록 태어난 사람,
> 그들의 손은 땅 속에 도달하여 싹을 틔운다.
> 그에게는 토양은 신성한 약이다.
> 그는 매년 죽음 속으로 들어가서 다시 기뻐하면서 나온다.
> 그는 태양이 퇴비더미에서 자는 것과 옥수수 속에서 다시 일어나는 것을 보았다.[92)]

태양광선은 곡식으로 수확되고, 축우를 위해 먹이를 제공하며, 그것의 똥은 토양을 비옥하게 한다. 차례로, 토양은 다음 해에 옥수수를 길러낸다. 자연의 다양한 생태계에 대한 각각은－산림, 농장, 습지－삶의 모든 중요한 물질에 대해 유용하게 하는 복원의 물질순환에 참여한다.

반대로, 우리 자신의 경제적 과정은 선형이다. 우리는 거대한 양의 천

---

92) Wendell Berry, *Collected Poems: 1957–1982* (San Francisco: North Point Press, 1984), 103.

연재료를 위험한 오염물질로 변형시키며, 재료들을 저급화시키고, 미래를 위해 점점 이용할 수 없게 한다. 화석연료와 광물질은 연소되고 소산된다. 우리는 모든 생명을 부양하는 영양물질 순환을 심하게 변형시켰다. 왜냐하면 우리는 쓰레기를 경제 질서에 재통합시킬 수 있는 생산물과 과정을 설계하지 못했기 때문이다.

자연에서 쓰레기는 음식과 동등하다. 식물은 물, 이산화탄소, 광선을 당분으로 변화시키고, 이들 당분은 다른 종들에 의해 분해된다. 탄소원소가 환원되어서, 기린 가죽의 표면을 감싸며, 회전초 같은 식물의 풀밭을 가로질러 구르고 있다. 40억 년 동안 충분히 활용되지 않은 화학적 통로를 이용할 수 있는 유기체를 위한 니치(생태적 지위)가 항상 존재하고 있었다. 이들 니치가 채워졌을 때, 영양물질 순환의 엄청난 효율적 체계가 개발되었다. 영양물질은 한 동안 바다 해저 또는 암석층 아래에 묶여 있었고, 지질시대를 지나 그들은 방출되었다. 대략, 어떤 영양물질의 순수고갈은 사실상 없다.

만약 가까운 군총에서 살고 있는 유기물의 군집사회가 그들 자신의 쓰레기 과정과 그들 영양물질의 순환이 연결될 수 없다면, 군총은 오랫동안 생존하지 못할 것이다. 연속적인 정화와 재순환이 없다면, 독성이 급속히 축적되고 먹이는 사라지며 결국 군집사회는 멸망할 것이다. 같은 방법으로, 만약 가까운 관계에서 일하는 사업 망이 그들의 하수와 물질순환을 공동으로 이용할 수 없다면 사업망은 붕괴될 것이다. 자원이 고갈될 것이며, 슬래그 더미와 독성투기의 경관에서 그것 자체는 질식될 것이다.

만약 사업들이 쓰레기를 음식으로 변화시킬 수 있다면, 그들은 오염물질과 천연재료를 위한 필요물질 둘 다를 급격히 감소시킬 수 있다. 함께,

그들은 물질에 대해 보다 넓은 자연 순환 내에서 완전히 통합된 *산업생태학*을 형성할 수 있다. 이런 산업생태학은 기초 산업과정에서는 개방한 채 남겨진 루프선을 닫을 것이다. 이것은 실질적으로 원재료가 오염물질로 변모하는 비순환적인 흐름을 제거하며, 자연의 것에 보완적인 흐름으로 그들을 변형시킨다.

산업과정에서 루프선을 닫는 것은 두 가지 중요한 임무를 달성하는 것이다. 첫 번째, 그것은 쓰레기를 자원으로 변화시켜 천연재료에 대한 요구를 대체한다. 두 번째, 그것은 쓰레기가 오염으로 변하는 것을 막는다. 산업생태학은 물질, 과정, 방출에 대한 우리의 선택과 쓰레기 정화방법을 생태계, 유역 그리고 (그것의) 생물권에 대한 보전과 함께 양립할 수 있음을 확신하게 한다. 쓰레기는, *설계에 의해*, 음식과 동등하다. 그것은 또한 적절하게 동화될 수 있는 수준의 비독성 형태에서 산업생태계로 되돌아가는 순환이거나 또는 자연생태계로 들어가는 것이다.

산업생태학의 가장 초기 공식화의 하나는 1989년 두 명의 제너럴 모터 중역에 의해 쓰여진 논문으로 *과학적인 미국인*(*Scientific American*)에 실렸다. 그들은 말하기를 "산업 활동의 재래적인 모형은 — 개별 제조과정은 천연물질이 들어가서 판매용 생산물과 처리해야 할 쓰레기가 발생한다. — 보다 종합 모형인 산업생태계 속으로 변형되어야 한다. 그런 체계에서 에너지와 물질의 소비가 최적화되며, 쓰레기 발생이 최소화되고, 한 과정의 유출물은 — 그들이 정제된 석유로부터 촉매제를 소비했는지, 전력발전소로부터 비산 재와 바닥에 깔린 재 또는 소비자용 상품으로부터 플라스틱 용기를 폐기했는지 — 다른 과정을 위한 천연재료로서 취급된다."[93]

---

93) Robert A. Frosch and Nicholas E. Gallopolos, "Strategies for Manufacturing," *Scientific*

라고 하였다. 산업생태계는 자연생태계에 대해 건강을 회복시키는 물질순환을 모방한다. 그들은 각 물질을 분리하여 재순환과 재활용을 최적화 한다. 또한 그들은 물질에 대한 보다 복합적인 "먹이망"의 생성을 가능하게 한다. 가장 중요한 것은, 그들은 오염물질의 규모 또는 독성에 있어서 주변 자연생태계를 압도하지 않는다는 것이다.

선캄브리아대로 거슬러 올라가서, 약 20억 년 전에, 지구는 거대한 오염 위기를 목격했다. 쉽게 이용할 수 있는 황화수소연료를 고갈시켜서, 초기 광합성화 되는 시아노박테리아가 보다 풍부한 대체물인 물을 개발하였다. 그들은 풍부한 물로부터 산소를 자유롭게 방출시켰다. 대기 속 산소는 100만 분의 1에서부터 1/5에 이르기까지 그리고 추적오염물질에서부터 주요 구성요소에 이르기까지 급속도로 상승했다.

매우 휘발성이 강한 가스인 산소는 초기 생물에 어려움을 가져다주었다. 말 그대로 혐기성 생물은 산소에 노출되어서 분해되었다; 그들은 수중과 지하에 몰린다. 여전히 놀랄만한 반전에서, 그들은 결국 호흡을 발달시켰다. — 그들을 위협한 바로 그 산소를 이용하는 능력. 쓰레기였던 산소는 현재 호흡으로 이용된다. 산소수준은 일정수준으로 유지하였으며 산소위기를 피하였다.[94]

또한 우리의 현재 오염위기들은 설계에서의 실패에 기인하는 것이다. 우리는 산업과정을 살아있는 세계와의 균형을 이루도록 되돌릴 수 있는 전체 물질대사 수준에 이르지 못하고 있다. 이런 의미에서, 우리는 호흡에 대한 산업상사형을 발견하기 위해 기다리고 있다.

American 261, no.3 (September 1989): 144.

94) Lynn Margulis and Dorion Sagan, *Microcosmos: Four Billion Years of Microbial Evolution* (New York: Simon & Schuster, 1986), 99–114.

모든 유기물체는 다양한 종류의 쓰레기 물질을 생산하는 한편, 에너지와 먹이를 살아있는 물질로 변화시킨다. 이런 쓰레기 물질이 문자 그대로 "부패물 포식자들"인 부생식물아강을 위한 먹이가 된다. 이들 분해자들은 모든 다른 종보다 월등히 많은데, 투구벌레류, 곰팡이류, 선충류 그리고 박테리아를 포함한다. 그들의 보완적인 물질대사 통로를 통하여, 그들은 주요한 영양물질과 추적 광물질을 살아있는 순환과정으로 되돌린다. 그들의 역할은 매우 중요한 것인데, 만약 그들이 없다면, 영양물질은 급속도로 소산된다. 많은 육지군집사회에서, 광합성 생산물의 90% 또는 그 이상이 직접적으로 분해자에게 전해진다.

기초 산업체계가 거의 완전히 그들을 무시하는 반면, 분해자들은 필수적으로 산업생태학에서 중요한 역할을 한다. 우리는 부패의 과정을 가진 산업생태계를 설계하고 염두에 두면서 명백하게 분석할 필요가 있다. 산업컨설턴트 하딘 팁즈(Hardin Tibbs)는 진술하기를 "아마 산업생태계를 만들기 위해 중요한 것은 상품으로서 쓰레기를 재개념화하는 것이다. 이것은 쓰레기를 재이용하기 위한 방법을 연구하는 것뿐만 아니라 쉽게 재이용할 수 있는 쓰레기를 가진 과정에 대한 진정한 선택을 제안하는 것이다."[95]라고 하였다. 부패의 과정에 대한 명백한 사고에 대해 실패함으로써 금속, 플라스틱, 음식 또는 그와 비슷한 것 무엇이든 간에, 우리는 마음 속에 재생과 함께 하는 설계를 위한 기회를 잃어버린다.

몇 년 전, 중국 우시(Wuxi)에 있는 영화촬영소에서, 대처하기 어려운 오염문제에 직면했다. 그것은 엄청난 양의 은오염 폐수를 발생시키는 것

95) Hardin Tibbs, "Industrial Ecology: An Emvironmental Agenda for Industry," *Whole Earth Riview*, no.77 (winter 1992): 9.

이었다. 상대적으로 낮은 은농도, 100만 분의 1 이하에서 기초 화학처리와 복원이용이 금지되었다. 한편, 이들 농도는 많은 수중 유기물에게는 매우 위험한 수준이었다.

이런 쓰레기는 재생에 대한 보완적인 과정이 부족했다. 그것은 계속해서 이용하지 않은 잠재자원이었다. 그에 대한 대응으로, 촬영소는 일련의 살아있는 여과기를 만들기로 결정했다. 폐수는 처리과정에서 약 2일 또는 3일간 머물면서 물옥잠, 또 다른 종들과 수생식물들을 심은 연못을 통하여 구불구불 흘려보냈다. 물옥잠의 뿌리체계는 예외적으로 훌륭한 여과기였다. 그것은 폐수의 수준을 35,000배까지 은을－이것은 마치 광산－농축시켰다.

뿌리가 연소될 때, 은은 재 속에서 남게 된다. 이 재는 4% 은을 함유할 수 있는데, 그 수준은 높은 등급의 광석을 나타내는 수치이다. 은은 전체 95%에서 99%의 회수율의 결과를 보이면서 표준적인 방법으로 재로부터 추출된다. 기초 처리체계 하에서, 은은 유출물 속에서 수용할 수 없을 정도의 높은 수준으로 남을 것이다. 게다가, 스튜디오는 외부자원으로부터 실질적으로 더 많은 은을 구매하도록 강요받을 것인데, 보다 많은 환경파괴를 일으킬 것이다. 대신에, 이런 생태적 폐수처리체계는 깨끗한 물을 생산하며 효과적인 방법으로 은이 순환될 수 있도록 허용한다. 물옥잠은 독창적으로 쓰레기를 "음식"으로 변화시킨다.[96)]

독성쓰레기 부지에 대한 기초 정화방법은 엄청나게 비싸다. 그리고 그

96) Yan Jingsong and Ma Shijun, "The Function of Ecological Engineering in Environmental Conservation with Some Case Studies from China," in *Ecological Engineering for Wastewater Treatment*, ed. Carl Etnier and Björn Gutterstam (Gothenburg, Sweden: Bokskogen, 1991), 89.

것을 방지하는 것만큼 많은 건강위해를 종종 만든다. 오염된 물, 슬러지 또는 토양은 일반적으로 준설되어 현장 외부에서 태운다. 태워서 재로 만드는 과정에서, 많은 독성물질이 방출된다. 이에 대한 대안은 박테리아, 조류(algae), 균류, 식물을 포함하는 살아있는 여과기의 배열로부터 선택된 유기물체를 가지고, 현장에서 쓰레기를 처리하는 것이다. *미생물 이용처리*라 부르는 이런 기법은 유기물체의 능력, 독성을 약하게 만드는 것 또는 살충제에서부터 중금속에 이르는 범위에서 물질을 분해시킨다. 미생물 이용처리는 일반적으로 기초 처리방법보다 오히려 실질적으로 현장을 개량하는 부수적 이점을 가진다.

생태적 이슈에 관해 오랫동안 관심을 가져온 예술가 멜 친(Mel Chin)은 심하게 오염된 토양에서 자랄 수 있는 식물에 대해 연구를 하고 있다. 그런 식물은 때때로 과거의 유럽광산부지 가까이에서 발견된다. 그런 장소에서 그들은 높은 수준의 독성에 수 세기에 걸쳐서 적응되었다. 놀랄만하게도, 그들은 뿌리체계를 통해서 중금속을 빨아들일 수 있다. *초축재자* (*hyperaccumulators*)로 알려진 이들 식물은 이 과정에서 점차적으로 토양을 해독하면서, 수천 배로 납, 아연, 카드뮴과 같은 금속을 농축할 수 있다. 친(Chin)은 그들의 능력을 강조하기 위하여, 또한 전시용 매립지 정화프로젝트를 만들기 위하여 초축재자의 정화 잠재력에 관심을 갖게 되었다. 그는 다양한 공공기관과 협상하였다. 마침내 40시간의 위해물질에서 일어나기 쉬운 반응훈련을 수행하기 위해 협정함으로써 18m 소 구획 토지에 식재하도록 허락을 얻었다.

미네소타주의 세인트 폴 시에 있는 Pig's Eye 매립장은 주 유해산업 폐기물 처리기금을 우선으로 수여받은 곳으로 카드뮴과 또 다른 중금속에 의해 심하게 오염되었는데, 주로 폐건전지로부터 발생된 것이다. 친(Chin)과 대학동료들은 매립지 소 구획에 담장을 치고, 사탕옥수수 잡종, 부레형 석죽과 식물, 그리고 4가지 다른 종을 심었다. 이것은 초축재자의 첫 번째 현장실험의 하나이었다. 그리고 그것은 극적으로 성공했다. 한 번의 성장계절 이후, 식물들을 잘라서 건초같이 말린 다음에 연소했다. 우시 촬영소에서 물옥잠의 그것과 같이, 재는 광석등급이었던 중금속의 엄청난 농도를 포함하였다.

적절한 *회복경작지*라는 이름의 친(Chin)의 밭 조각은 활발하게 생태계의 건강에 참여함으로써 단순한 상징적 관심사를 초월했다. 친(Chin)은 그의 밭 조각을 이렇게 설명했다. "그것의 가장 완전한 환원에서, 작업은 (담장이 제거되고 독성이 적재된 잡초를 수확한 후) 눈에는 잘 보이지 않으나 실질적인 효과가 있었다. 한동안, 의도된 눈에 보이지 않는 아름다움은 되살아 난 땅의 질을 과학적으로 측정되는 곳에 존재할 것이다. 결국 그 아름다움은 땅에게 생육의 결과로 나타날 것이다."[97] 역설적으로, *회복경작지*를 달성한 예술장학금의 국가부여는 그것이 "예술"이 아니다라는 이유로 거의 취소되었다.

친(Chin)은 회복경작지를 위한 정화작용 지불을 위해 예술과 과학자의 국제팀과 함께 일하고 있다. 효과적으로, 독성부지는 초적재자의 성공적인 작물을 심음으로써 중금속을 위한 광산이 될 것이다. 각각의 작물은 연소될 것이고, 재로부터 수집된 금속은 정화를 위한 자본을 공급하기 위하여 팔게 될 것이다. 이런 경우, 설계해결책은 토양으로부터 많은 양의

97) Barbara Matilsky, *Fragile Ecologies: Contemporary Artists' Interpretations and Solutions* (New York: Rizzoli, 1992), 111.

중금속을 제거하기 위한 어떤 식물에 대한 원초적 능력에 근거한다. 정확한 식물 종류와 함께, 독성부지는 점차적으로 건강하게 복원될 것이다.

살아있는 여과기의 또 다른 적용들은 역시 흥미를 준다. 최근 NASA 연구는 어떤 식물들이 잎을 통하여 오염되는 가스를 흡수함으로써 실내 오염수준을 효과적으로 감소할 수 있다는 것을 나타낸다. 거미식물(spider plants)은 일산화탄소를 제거할 수 있고, 알로에 베라는 포름알데히드를 제거할 수 있고, 국화는 벤젠을 제거할 수 있다.[98] 이끼 표면 위에 떨어져 있는 물은 효과적인 2단계 여과체계를 창조한다. 물은 공기 속에 있는 오염물질을 흡수하고 축적한다. 그리고 현저하게 커다란 표면적을 가진 이끼들은 그 물을 정화한다. 그 체계는 증발작용으로 인한 냉각의 놀라운 효과를 보여준다.[99] 박테리아는 기름이 흘러진 것을 먹는데 익숙하다. 토탄이끼는 신선하지 않는 사무실 공기를 신선하게 하며, 균류는 오염된 토양을 청결하게 한다.

우리 자신의 혈류는 끊임없이 산소가 풍부한 붉은 피와 노폐물을 실은 푸른 피를 교환한다. 푸른 피에서부터 붉은 피로, 노폐물로부터 영양물질로 전이를 관찰함으로써 배울 것이 많이 있다. 노폐물은 그것 자신의 완전무결을 유지하기 위하여 과정으로부터 제거된다. 그 다음에 두 번째 과정에 의해 영양물질의 근원으로서 통합된다.

체계를 통한 물질들의 흐름은 생태설계자로서 영감에 대한 우리의 근원이다. 영양물질－유용한 물질－들은 가치가 있으며, 쓰레기는 비용이 들기 때문에 우리의 쓰레기가 음식이 되는 어떤 과정을 파악하기 위한 거대

98) John Harte et al., *Toxics A to Z: A Guide to Everyday Pollution Hazards* (Berkley and Los Angeles: Univ. of California Press, 1991), 54.

99) 이 작업은 뉴욕시에 있는 가이아 연구소에 의해 처음 시도되고 있다.

한 촉진제가 있다. "쓰레기"는 항상 단지 직접 과정에서 가치가 없는 물질로서 이해되어진다. 그리고 어떤 때에 어떤 과정에 인식할 수 있는 가치가 아닌 것이 아닌 것으로 이해되어진다.

쓰레기가 음식과 동일하다는 아주 학문적인 적용은 여러 주에서 현재 시행하는 쓰레기와 물질들 교환에 의해 제공된다. 예를 들면, 캘리포니아 주의 *산업재활용업자의* 쓰레기의 교환 *훈령집과 재활용을 위한 이용 가능한 유해 쓰레기 목록*은 산업재활용업과 이용 가능한 유해 쓰레기 둘 다를 위한 목록이다. 유해 쓰레기들은 다음 범주로 목록화 했다. 산, 알칼리, 부동제, 촉매, 부식제, 냉각제, 드라이클리닝 폐기물, 무기물, 금속착염, 슬러지, 금속(많은 범주), 왁스 그리고 목재와 종이이다. 전형적인 재활용 항목들은 "폐기 산, 크롬포함물, 염화수소, 질소, 인 그리고 황"을 포함할 것이다. 이용 가능한 쓰레기는 "5～10% 인산을 포함하는 인산용액과 컴퓨터 판넬의 코팅물질 철인산염으로부터 발생한 95% 물"[100)]을 포함할 것이다. 쓰레기는 불가피한 경향으로 가는 지점에서 교환된다: 처분을 위해 높은 비용을 지불하는 대신에, 생산자는 쓰레기를 팔 수 있거나 그들을 재생처리업자에게 넘길 수 있다.

이용되지 않은 쓰레기들은 실제로 빈약한 설계의 징후이다. 그들은 2가지 종류의 오염을 일으킬 수 있다: 독성오염과 규모오염. 독성오염은 인간 지역사회와 생태계에 건강위험을 유발하는 기존 유해쓰레기를 포함한다. 규모오염은 이산화탄소 또는 CFCs와 같은 그들의 총체적인 결집에서만 파괴적이며 소량에서는 그렇지 않는 쓰레기를 포함한다. 규모오염은 대단

100) California Waste Exchange, *Directory of Industrial Recyclers and Listing of Hazardous Waste Available for Recycling* (Sacramento: Department of Toxic Substance Control, Hazardous Waste Management Program, 1993).

한 설계도전을 보여준다. 실제로 하딘 팁즈(Hardin Tibbs)는 다음과 같이 글을 썼다. "산업오염의 규모는 지금 심지어 이산화탄소와 같은 비독성 방출과 같은 정상적인 경우조차도 지구생태계에 심각한 위협이 될 정도로 너무 크다고 했다. 이런 광의적 용어에서 보듯이, 우리의 산업체계에 대한 문제는 자연환경과 비교해서 꾸준히 보다 크게 성장하고 있다. 그래서 그것의 산출은 그들이 전통적인 오염물질인지 아닌지에 관계없이 그들의 절대적인 용량 때문에 훼손시키는 수준에 이르고 있다."[101]

최대잠재력 건물체계를 위한 센터(Max′s Pot)는 현재 새로운 건물재료를 시험하고 있으며, 쓰레기를 실용화하는 다른 생산물을 시험하고 있다. 예를 들어, 석탄이 연소할 때, 그것은 많은 양의 플라이 애쉬와 이산화황을 생산한다. 플라이 애쉬는 콘크리트에 첨가재로 이용될 수 있다; 이산화황은 대기 중에 방출될 때 산성비를 일으키는데, 이미 산성비가 많이 내려서 석탄이용시설들은 방출표준을 준수하도록 요구받고 있다. 이산화황은 또 다른 잠재적 콘크리트 첨가제와 마찬가지로 유용한 산업공급재료 화학제를 제공하는 침전제 더미로부터 쉽게 추출될 수 있다. 황은 심지어 가정에 곤충침입을 저지하기 위하여 자연 살충제로서 이용될 수 있다. Max′s Pot는 초가집을 위한 폐기 짚과 시멘트 안정제로서 목재 칩을 포함하는 다른 혁신적인 재료를 가지고 실험하고 있다.

우리는 지금 많은 다른 과정들로부터의 쓰레기가 다른 생태계를 위한 먹이가 되고, 에너지 이용과 재료이용이 연결되어 최적화되어 잘 구비된 산업생태계를 만들기 시작했다. 가장 완전히 실현된 예는 덴마크 카룬트보그(Kalundborg)이다(그림 13).[102] 이 프로젝트는 전력 - 화력발전소

101) Tibbs, *Industrial Ecology*, 5.

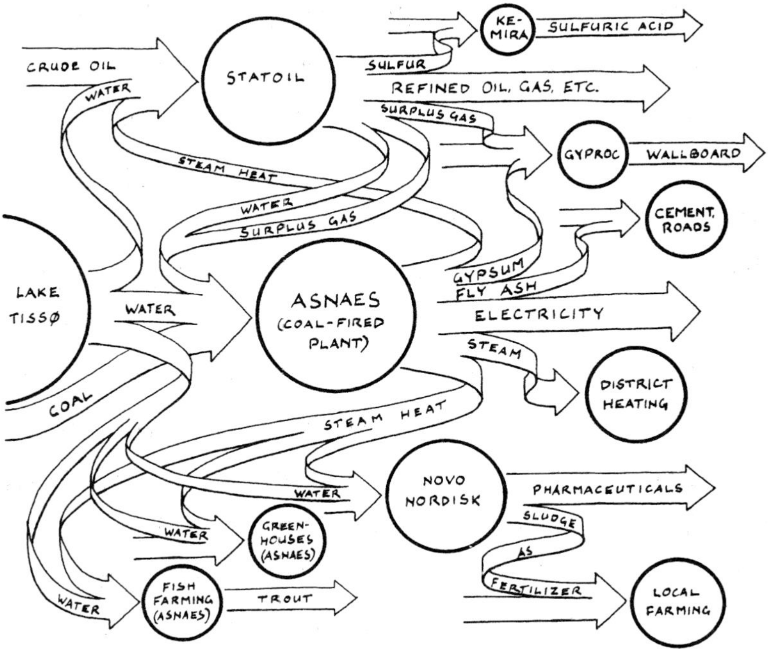

그림 13 • 카룬트보그(Kalundborg) 산업생태계에서의 물질과 에너지 흐름

(Asnaes), 석유제련, 제약공장, 인조벽판공장, 황산생산자, 시멘트제조자, 지방농업과 양어 그리고 가까이 있는 주거들을 포함한다. 1980년 초 Asnaes는 제련과 제약공장에서 증기를 많이 공급하기 시작했다. 그것은 또한 3,500가구 석유난로를 대체하면서 지역난방체계를 위해 폐열을 공급하기 시작했다. 1991년, 제련소는 가스로부터 황을 제거하기 시작하였으며, 그것을 가까이 있는 유틀란트반도에 위치하는 황산제조자에게 팔았다. 인조벽판공장은 이미 제련소로부터 잉여가스를 사고 있었다. 그리고

102) Ibid., 9–10.

제련소의 황 감소창안은 Asnaes가 남아 있는 저불순가스를 사는 것을 가능하도록 했다.

Asnaes는 지금 시멘트 제조업체에 플라이 애쉬를 팔고 있다. 그리고 곧 판지공장에 폐기 석고를 팔 것이다. 폐열은 또한 그 자신의 온실로 보내지고, 양어농장에 보내진다. 그곳에서 연간 숭어와 가자미류 200톤을 생산한다. 다른 루프선은 빠르게 닫혀진다; 제련소는 폐수를 Asnaes에 제공하며, 제약공장은 그것의 슬러지를 지방농장을 위한 비료로 변화시키고 있다. Kalundborg에서, 쓰레기의 계획적인 재통합은 막대하게 환경영향을 감소시켰다.

산업협동에 대한 이들 사례들의 각각은 비용 효과적이며 자연스럽게 일어난다. Kalundborg의 경우에서 조정된 행위들의 장점은 분명하다: 쓰레기는 이익을 낼 수 있는 중간생산물이 되며, 쓰레기를 직접 실용화할 정도로 구비된 생산자는 공급에 대한 값싼 자원을 얻을 수 있다. 계획된 산업생태계를 위한 가능성은 정말 크다. 만약 여러 생산자의 신진대사를 설계단계부터 올바르게 연결하였다면, 그것은 물질, 에너지 그리고 오염의 전체 수준을 최소화 하는 것이 가능할 것이다. 그런 컨소시엄의 각각은 설계에서 타고난 시너지 때문에 보다 낮은 비용을 가질 것이다.

우리가 자연의 순환 내에 인간행위를 완전히 통합시킨다면, 쓰레기를 음식으로 변환시키는 전략은 본질적인 것이다. 우리는 자연 자신의 태양광선 주도적인 물질의 재생 순환을 모방할 수밖에 없다. 우리 자신의 물질순환을 닫는데 실패하는 정도는 우리가 자연 자체를 위험에 빠트리게 하는 정도이다. 선형, 오염 생산과정을 상호연결 주기로 전환함으로써, 우리는 우리가 만들고 짓는 모든 것에 대한 영향을 방대하게 감소할 수 있다.

살아있는 경관

중국 과학과 문명에 대한 위대한 역사가인 조셉 니드함(Joseph Needham)은 유교와 도교의 물 기술자 사이의 고대 논쟁에 관한 흥미 있는 이야기를 한다. 유교의 기술자는 물 흐름에 대해 엄격한 통제를 지지하였는데, 이 전통은 미 공병대에 의해 분명하게 계승된 것 같다. 도교신봉자는 물은 본성대로 경관을 따라 구불거리며 흘러야 한다고 믿었다. 그런 믿음을 반영하여 도교신봉자 기술자 장자(Chia Jiang)는 3,000년 전에 "물을 통제하는데 익숙한 사람은 그것을 멀리 보내는 것을 가장 좋은 기회로 삼는다."[103]라고 썼다. 지금과 같이, 그때에도 주거와 농업을 위해 이용할 수 있는 보다 많은 토지를 조성하려는 욕망과 기존 수문학적 순환의 보전을 존중하려는 욕망 사이에 투쟁이 있었다. 실제 불가피한 협상에서, 유교의 좁은 수로들은 이따금의 홍수 발생에 대해 저류지를 조성하여 종종 보강했다. 반면에, 도교는 매우 넓은 둑으로 비 홍수 기간 동안 농경을 허용하면서 부가적인 수로를 증대시켰다.

도교의 기술자는 경관과 설계를 일치시켜 물의 흐름을 준수하고자 했다. 그들은 토지를 인간과 보다 광범위한 생명공동체 둘 다의 필요성에 대해 동시에 대처하는 생태적 기능을 제공하는 *살아있는 경관*으로 보았다. 그들은 경관의 본질적인 보전에 가치를 두었으며, 그것의 과정에 참여함으로써 의미와 지속 둘 다를 발견했다. 대조적으로 유교의 기술자는 물은 통제할 필요가 있다고 보아서, 물을 문명의 필요에 종속시키는 입장에서

103) John Tillman Lyle, *Design for Human Ecosystems: Landscape, Land Use, and Natural Resources* (New York: Van Nostrand Reinhold, 1985), 236–7.

평가하였다. 그들은 또한 이런 목적을 달성하기 위하여 엄청난 양의 노동과 물질을 기꺼이 소비하고자 하였다.

우리는 유교의 기술자가 한 것보다 더 많이 우리 자신의 경관에 대응하고 있다. 우리는 거대한 물 프로젝트를 수립하고, 습지를 파괴하고, 토지의 능력과 동떨어진 농업체계를 강요하고, 인식을 초월해서 전체지역을 파괴했다. 우리는 보다 광범위한 생태적 중요성을 빼앗는 좁은 생산적 경관을 추구하는 대신에, 그들 자신을 위한 그들 자신의 과정을 권장하는 경관에 가치를 두지 않았다.

홍수통제에 대한 생태적 방법은 현재 관심을 불러일으키고 있다. 이들 방법은 식생이 물 흐름을 완화시키고, 침식을 최소화하며, 물이 그 자신의 코스를 따르도록 허용된 건강한 경관에 의존한다. 그 목적은 생태계를 복원하여 그들이 오래 전에 잃어버린 홍수통제기능을 제대로 회복할 수 있게 하는 것이다. 설계에 의해 이런 자연체계는 레크리에이션 지역, 탐방로, 야생동물 서식지와 같은 부수적인 어메니티를 제공한다. 게다가, 그들은 1993년 미시시피 대홍수와 같은 대재앙에 덜 취약하다.[104)]

생태적 홍수통제체계는 살아있는 경관의 사고로 되돌아오는 것이다. 30년 전 생태학자 호워드 티 오덤(Howard T. Odum)은 물 정화로서 그런 과정에, 자연체계에 의해 이루어진 에너지 기여에 대한 연구를 개척했다. 이들 기여는 보통 계산에서는 덜 가치적이지만, 가끔 많은 금전과 동등한 가치를 갖는다. 레크리에이션 또는 서식지와 같은 잘 인식된 가치

104) Ann L. Riley, "The Greening of Federal Flood Control Policies: The Wildcat-San Pablo Creeks Case," in *The Ecological City: Preserving and Restoring Urban Biodiversity*, ed. Rutherford H. Platt, Rowan A. Rowntree, and Pamela C. Muick (Amherst: Univ. of Massachusetts Press, 1994), 217- 230.

가 부가될 때, 그들은 토지의 생태적 완전무결을 보전하기 위하여 강력한 사례를 제공한다.

이들 무상서비스의 범위와 질은 놀랄만하다. 최근 연구는 습지체계 단독에 의해 부양된 12가지 기능에 관해 서술한다.[105] 습지는 유전자와 생물군집 다양성을 보전하고, 철새와 다른 생물을 위한 먹이와 서식지를 제공한다. 습지는 광범위한 수생유기체를 위한 온상이다. 또한 그들은 홍수를 줄이고, 물을 정화하고, 침전으로부터 토양을 모으고, 지하수를 다시 채우거나 방출하고, 국지 기후와 전체 기후 안정화를 제공한다. 만약 이들 서비스들이 어떻게 해서든지 금전가치들로 대입할 수 있다면, 그들은 상당한 값까지 보탤 것이다. 역설적으로 습지들은 일반적으로 최저 가치를 가지는 것으로 보인다. 그러므로 쉽게 개발되어진다. 보다 완전한 생태적 수지를 가진 최근 연구는, 습지의 진짜 가치는 적어도 그들의 평가 가치보다 10배 이상이 될 것이라는 것을 지적한다.

국지기후를 온화하게 하기 위한 식생의 능력이 잘 입증되고 있다. 단일 교목은 "하루 20시간 작동하는 10개 방 크기의 에어컨 용량만큼 냉방효과를 제공할 수 있다."[106] 애리조나 주 투손 시에서 행하는 "도시 수목의 잎 다시나기 프로그램"은 8년 동안 사막 적응형 수목 150만 그루를 식재하는 것을 목표로 한다. 초기 연구들은 감소된 에어컨 작동으로부터 전기절약은 연간 500만$보다 더 많았다고 제안했다. 조심스럽게 유지된 살아있는 경관은 또한 오염을 완화하면서 공기 흐름에 대한 유형에 영향을 끼칠 수 있다. 마이클 후(Michael Hough)는 최근 논문에서 슈투트가르트란 독

---

105) G. Hollis et al., "Wise Use of Resources," *Nature and Resources* 24 (1988): 2–13.

106) John Tillman Lyle, *Regenerative Design for Sustainable Development* (New York: John Wiley & Sons, 1994), 102.

일도시는 "풍치지구와 농업을 위해 도시를 에워싼 언덕을 그대로 보유하고 있다고 말했다. 왜냐하면 그것의 녹색언덕비탈은 대기역전과 도시를 통풍시키는 도도한 하강기류를 유지함으로써 오염문제를 크게 감소시키는 것을 알았다."[107]는 것을 발표하였다.

비록 보잘 것 없는 우수보유 저류지이지만, 도시표면유출을 통제하기 위해 설계하면서 많은 다른 기능들에 기여할 수 있다. 캘리포니아 주 데이비스시의 West Davis 연못에서, 편평한 생명체가 없는 저류연못은 서식지와 레크리에이션의 풍부한 자원으로 변화하였다. 흙으로 형성되고, 향토식생으로 심어진 섬과 작은 못은 지금 캐나다기러기, 뒷부리장다리 물떼새, 백로, 사향쥐, 그리고 많은 다른 종들을 끌어들이고 있다. 조경가 로버트 엘 셰이어 주니어(Robert L. Thayer, Jr.)가 말하기를 "무엇보다도 유역의 생태적 구조와 기능이 다시 우리의 이웃과 엮어짐으로써 우리는 지역사회를 강화할 뿐만 아니라 모든 살아있는 생물체의 보다 넓고 진정한 공동체를 재구축할 수 있었다."[108]고 말했다. 저류지는 살아있는 경관의 보이는 부분이 되었다.

아르카타(Arcata) 늪지와 야생동물 보호구역은 북부 캘리포니아 소읍 아르카타와 훔볼트 만 사이에 위치한 154 에이커 습지공원이다. 기록된 220 종들과 함께 그것은 부근에서 가장 좋은 새 관찰 지점을 제공한다. 사람이 붐빌 때에는, 연못은 삼각대 위에 놓여진 망원경으로 둘러싸여진다. 또한 이곳은 사무실 근로자를 위한 마음에 드는 점심장소가 되었으며

107) Michael Hough, "Design with City Nature," in *The Ecological City: Preserving and Restoring Urban Biodiversity*, ed. Rutherford H. Platt, Rowan A. Rowntree, and Pamela C. Muick (Amherst: Univ. of Massachusetts Press, 1994), 44.

108) Robert L. Thayer, Jr., *Gray World, Green Heart: Technology, Nature, and the Sustainable Landscape* (New York: John Wiley & Sons, 1994), 263.

15,000명의 소읍에 수천 명의 새로운 관광객을 끌어들이게 되었다.[109]

그림 14 • 인공된 습지와 나란히 놓인 기존 폐수 처리 연못

무성한 늪지 주변을 걸을 때, 사람은 그것이 실질적으로 전체 도시로부터 배출된 폐수를 정화한다는 것을 알고는 놀랐다. 버려진 토지에 건설된 늪지는, 1986년 이래 소읍의 기존 일차적인 처리공장으로부터 오수를 처리하여 왔다. 물이 2달 동안 늪지를 통하여 굽이굽이 흐를 때, 좀개구리밥속의 수초, 부들, 피막이플속의 풀, 갈대; 호기성과 혐기성 박테리아; 연체동물, 어류에 의해 정화된다. 물이 최종적으로 늪지에서 훔볼트 만으로 양수될 때, 만의 물 자체보다 일반적으로 수질이 더 좋았다.

---

109) 아르카타 늪지에 대하여는 다음의 책을 참조하시오.
Lyle, *Regenerative Design*, 242–3; Thayer, *Gray World*, 155–9; Doug Stewart, "Nothing Goes to Waste in Arcata's Teeming Marshes," *Smithsonian* 21, no.1 (Aprill 1990): 175–9.

늪지는 도시의 커다란 자랑거리가 되었다. "'그 소읍은 자긍심을 가지고 변기에 물을 내리자'는 축제를 거행함으로써 새로운 하수체계를 시작했다. 시민들은 커다란 푸른 왜가리가 변기 시트에 앉아 있을 때, 변기 밖으로 튀어 오르는 연어를 그린 축제로고로 장식한 티셔츠를 입었다."[110] 아르카타 늪지는 생태계 내에서 인간쓰레기의 폐기물을 자원이 되기 위하여 조심스럽게 결합한 곳이다. 그 늪지는 부분적으로 생태적 지혜가 에너지, 물질, 돈을 대체하는 살아있는 경관으로 설계되었다.

아르카타 늪지는 건강한 습지의 본래 정화능력에 의존한다. 유사한 방법에서, 우리는 야생생태계의 구조와 기능을 흉내내는 농업경관을 만들 수 있다. 캔자스 주 살리나(Salina)에 있는 토지연구소에서, 웨스 잭슨(Wes Jackson)과 그의 대학동료는 야생초원지대에서 초원농업의 지속가능한 형태를 위한 연구를 하였다. 이런 비전에서 볼 때, 농업생태계 또는 농사생태계는 "자연 식물군집사회의 식생구조를 모방해야 한다. 이것은 구조적인 모방으로서의 작물과 기능적 상사형으로서의 야생종이 통합하는 농업생태계를 발전시키는 것을 의미한다. 그 다음에 농사짓는 체계가 자연군집사회와 닮고, 자연군집사회처럼 행동해야 할 것이다."[111] 만약 구조적인 모방이 야생생태계에 있어서 그들의 역할을 성공적으로 재창조할 수 있다면, 그 다음에 이들 농사생태계는 그들 야생 상대역에게 안정감을 가져다주는 생태적 기능의 많은 것을 갖고 있어야 한다.

초원식생을 진화하도록 하는 바로 그 압력－화씨 40도에서 115도 까지 변화하는 극단적인 기후, 화재 그리고 대형초식동물들－그것들은 장기

110) Ibid., 177.

111) Judith D. Soule and Jon K. Piper, *Farming in Nature's Image: An Ecological Approach to Agriculture* (Washington, D.C.: Island Press, 1992), 133–4.

간 복원력을 더해준다. 초원의 다양한 식생 종은 다른 토심에서 물과 양분을 구한다. 그들의 바로 그 다양성은 질병과 해충의 확산을 방지한다. 풍부한 콩과식물은 끊임없이 토양에다 질소를 보탠다. 영양분은 풍부한 토양에 의해 견고하게 순환된다. 식생은 매우 변덕스러운 강수유형에 적응한다. 다년생 지피식물은 침식을 방지하고 습기를 유지한다. 게다가, 전체 체계는, 많은 초원종의 종자들의 발아를 위해 불을 요구하기 때문에, 불에 잘 적응된다. 이들 모습 중 어떠한 것도 광활한 단일재배와 연료, 비료 그리고 살충제에 의존하는 기존 초원농업에는 나타나지 않는다.

초원의 농업 모방은 음식, 오일 그리고 동물먹이에 대한 상당히 좋은 작물을 제공하는 한편, 야생생태계의 많은 가치 있는 기능을 유지할 수 있다. 농업의 형태는 특유의 방법으로 토지나 기후에 맞추어질 때, 그것은 경관의 내재된 생태적 과정과 함께 작용한다. 그것은 고가의 파괴적인 외부 투입을 국지적으로 순응된 지혜로서 대체한다.

살아있는 경관은 완전한 "야생"도 아니고 기존 물 프로젝트와 농업체계의 방법에서 지나치게 통제된 것도 아니다. 좋은 정원과 같이, 그것은 자연과의 일종의 대화와 같이 생태적 홍수통제, 아르카타 늪지, 초원모방농업은 "여전히 가치 있는 봉사를 수행하면서 자연과의 균일하게 병합"[112] 하는 경관을 암시한다. 그러한 경관은, 모든 종들의 필요성에 대처하면서, 우리를 순환 속으로 끌어들인다.

112) David Austin과 개인적 접촉에 의함.

자기설계

스튜어트(Stuart) 책상 옆에 작은 수족관이 있다. 이 생태적 소우주에, 그가 몇 주 전에 연못물을 가득 채운 오래된 항아리인데, 아주 놀라운 현상이 일어나고 있었다. 물옥잠, 좀개구리밥속 수초의 무성한 매트, 그리고 물개구리밥이 표면에 떠올랐다. 물아래에는 변함없이 옥잠의 뿌리털이 다양한 미생물을 위한 주거를 제공하면서 양분을 위해 물을 잡아당긴다. 부패하고 있는 유기물질이 활동성이 강한 물벼룩과 생물유체를 먹는 동물을 위한 일종의 양식장을 조성하면서 바닥에 축적되어 있다. 그 밖의 다른 곳에, 요각류가 그들의 특징적인 불규칙하게 나가는 모양으로 수영한다. 작은 이각류는 침전물을 휘저어 탁하게 만들며, 달팽이는 천천히 항아리의 옆면을 기고 있다. 수백 종이 뿌리, 잔해물, 공기, 그리고 물에 의해 구조화된 작은 세계에서 동분서주하는 자연의 역사들이 담긴 이 소우주에서 상호작용하고 있다.

다른 항아리는 매우 다른 생태계를 부양한다. 어떤 항아리에서 물 개구리밥 뿌리의 녹색선 세공은 모든 방법으로 바닥에 도달한다. 다른 항아리에서 편형동물은 항아리 측면에서 먹이활동을 하는 한편, 히드라(강장동물)가 먹이를 찾기 위하여 그들의 촉수를 움직인다. 세 번째 항아리에서, 항아리 자체보다 더 큰 물옥잠은 갑자기 나타나서, 어떤 다른 체계의 비율보다 4배 정도 물을 발산한다.

이들 적절한 소우주들은 같은 연못물과 식물을 가진 물로 채워졌다. 그러나 그들은 그들의 형상과 태양광 적응방향에 따라 다소 다르다. 시간이 지남에 따라, 각 소우주는 이용 가능한 광선과 영양물질의 효과적인 이용으로 특징적인 종의 수집이 생산되면서 그것 자체가 변형된다.

여기서의 작용은 일종의 *자기설계* 또는 *자가 조직화*가 존재한다. 각각의 소우주는 자연스럽게 전체 체계의 풍부한 상호작용으로부터 발생하는 응집력과 복원력의 새로운 수준을 발전시킨다. 구성 종들의 융통성이 그것을 변화하는 환경에 적응하도록 허용한다.

그림 15 • 물의 가열에서 자기설계의 시범. 왼쪽 : 가열시행으로서 열전도 전개의 일정한 유형, 오른쪽 : 결정적인 온도차에서 Benard 대류의 형성

단순한 실험이 그들 각각의 부분보다 훨씬 복잡한 방법으로 행동하기 위한 체계들의 능력을 생생하게 보여준다. 실험은 위와 아래의 평판을 같은 온도로 유지하면서, 두 개의 커다란 평판 사이에 얇은 층의 물을 가두는 것으로 시작된다. 기대했던 대로 물은 완전히 동질적인 것으로 남는다. 아래층을 서서히 가열하면, 평판 사이에 온도 차가 발생한다. 물은 아래에서 위로 열전도의 지속적인 유형으로 반응한다(그림 15, 왼쪽). 온도 차가 어떤 중요한 한계수준에 도달할 때, 상당히 놀라운 현상이 일어난다. 일련의 대류 세포 또는 덩어리가 생산되면서 물이 갑자기 밀착하여 이동

하기 시작한다(그림 15, 오른쪽). 원래 전도유형이 불안정하게 된다. 체계 자기설계, 그것은 보다 효과적으로 열을 운반하는 것을 가능하게 한다. 자기설계과정은 종합적인 계획 없이 작동한다. 이동하는 물 분자의 네트워크 내에서 국지적인 반응이 밀착된 대규모 이동을 일으키면서 갑자기 일치되었다. 동질적 유형이 완전히 구조화된 유형을 대체했다.113)

또 다른 예는 별난 생애주기를 가진 변형점균의 이야기이다. 그들은 그들 주변에서 영양분을 흡수하는 독립생활을 하는 아메바로 시작한다. 시간이 지남에 따라, 어떤 세포들은 배고프기 시작하고, cAMP로 알려진 합성물질을 방출한다. 가까이 있는 세포는 천천히 이동하는 파동을 형성하면서 방사체 방향으로 cAMP 변화도에 따른다. 그들은 점차적으로 균류와 닮기 시작한 세포의 기둥으로 모인다. 그때 위에 있는 세포는 그들 스스로 포자생성 부속기관으로 변형한다. 개별포자들은 새로운 균체를 위한 최초 세포를 제공하면서 바람에 흩어진다. 그리고 전체 주기가 다시 시작한다. 이상한 방법으로 변형점균은 동시에 독립생활형 세포와 다세포 협동실체의 집결로 된다. 먹이 부족이 발생될 때, 개별세포는 대류세포를 생각나게 하는 방법으로 밀착구조를 형성한다.114)

설계실무에서, 우리는 매우 효과적으로 열역학의 엔트로피 측면을 취급한다. 우리는 모든 종류의 엔진과 기계류를 설계한다. 그리고 이론적인 실행한계에 대해 해답을 구해내었다. 그러나 동시에 우리는 에너지와 물질

---

113) 이 현상의 자세한 설명은, Benard 대류로 알려져 있는데, 다음을 참조.
Gregoire Nicolis and Ilya Prigogine, *Exploring Complexity: An Introduction* (New York: W. H. Freeman, 1989), 8–13.

114) Arthur T. Winfree, *When Time Breaks Down: The Three-Dimensional Dynamics of Eletrochemical Waves and Cardiac Arrhythmias* (Princeton: Princeton Univ. Press, 1987), 173–7.

의 흐름을 이용할 수 있는 무엇을 이용함으로써 평형을 유지할 수 없는 *네겐트로피*(*negentropic*) 측면을 무시했다. 일단 만들어지면, "자가 조직화된 구조가 주변의 유동과 무질서로부터 영양물질을 끌어들임으로써 살아 있도록 부양한다. 이것은 토네이도와 다른 사이클론과 같은 바람이 난기류를 형성할 때, 일어나는 것이다. 스스로 지속력을 유지하기 위하여, 그들은 심한 뇌우, 습기, 엄청난 기온과 압력, 그리고 난기류 등을 삼킨다."115) 목성의 큰 붉은 점은 이런 방법으로 기능한다고 믿는다. 실제로, 모든 유기체는 자유롭게 이용할 수 있는 태양광선을 이용하면서, 평형이 아닌 상태에서 번성한다.

이와 같이 자기설계 체계는 풍부한 가능성을 나타낸다. 만약 그들이 충분한 다양성을 가지면서 도입된다면, 그들은 현재 당면한 문제들을 그들 스스로 해결하도록 설계되어질 수 있다. 처음에는, 이는 오히려 뒤엎는 것처럼 보인다. 우리는 세부적인 모든 것을 연구하는데 익숙해져 있다. 그렇지만, 매우 복잡한 상황에서, 우리의 제한된 지식은 그런 통제수준을 불가능하게 할 것이다. 자기설계체계에 대한 능력을 믿으면서, 일을 계속하는 것이 그것을 지나치게 간결화로 시도하는 것보다 복잡하게 건설적인 작업에 대한 좋은 방법일 것이다.

우리가 자기설계 방법에 대한 일종의 올바른 체계에 대한 능력을 촉진하는 완전한 새로운 종류의 설계 파트너십을 상상하라. 스파게티-소스-항아리 수족관들이 그들의 특별한 조건에 반응하면서 자가 재형상화 하듯이, 우리는 폐수를 정화하기 위해, 음식을 제공하기 위해, 또는 훼손된 경

115) John Briggs, *Fractals: The Patterns of Chaos: Discovering a New Aesthetics of Art, Science, and Nature* (New York: Simon & Schuster, 1992), 112.

관을 복구하기 위해, 자기설계의 생태계를 마음 속에 그릴 것이다. 그런 자기설계형 생태계들은 이미 *생태공학*의 새로운 분야에서 응용되기 시작했다. 호워드 티 오덤(Howard T. Odum)이 언급했듯이, 기존 공학이 "자연을 새로운 구조와 과정으로 대체한다. 그러나 생태적 공학은 환경구조와 과정을 이용하는 설계를 제공한다."116) 다른 말로하면, 자연은 무료로 일한다. 체계에 대한 자기설계 경향을 이용하는 것은 항상 그들을 반대하는 것보다 효과적으로 비용이 싸다.

이런 방법은 우리에게 자기설계에 대한 본질적인 창의성을 인정하도록 요구한다. 그것은 "생태적 공학을 중요한 외형으로서 인정하는 생태계의 능력이다. 왜냐하면, 그것은 자연이 '공학'의 어떤 기능을 하도록 허용하기 때문이다. 우리는 선택발생자로서, 그리고 환경과 생태계가 결합하는 제휴자로서 참여한다. 그러나 자연은 그 나머지의 역할로 참여한다."117) 자기설계 체계들은 그들 전체 보전을 유지하기 위하여 그들 스스로 융통성 있게 재배열하면서 주어진 상황에서 가장 가치 있는 어떤 통로이든지 강화할 수 있기 때문에 광범위한 교란에 잘 적응한다.

로드아일랜드 주 프로비던스 시에 있는 Ocean Arks 국제 생태적 폐수처리시설은 자기설계 체계의 힘과 아름다움을 보여준다. 그것은 수백 야드 떨어져 있는 지저분한 기존 처리공장과 뚜렷이 대조되며 서 있는 세련된 온실구조로 위치하고 있다. 기존 공장이 기계적인 여과, 박테리아 그

116) Howard T. Odum, "Ecological Engineering and Self-Organization," in *Ecological Engineering: An Introduction to Ecotechnology*, ed. William J. Mitch and S. E. Jørgensen (New York: John Wiley & Sons, 1989), 80.

117) William J. Mitch and S. E. Jørgensen, "Introduction to Ecological Engineering," in *Ecological Engineering: An Introduction to Ecotechnology*, ed. William J. Mitch and S. E. Jørgensen (New York: John Wiley & Sons, 1989), 6.

리고 화학제에 의존하는 한편, 생태적 체계는 물을 정화하기 위하여 수생 생태계의 고유능력에 의존한다.

그 온실은 수생식물을 가진 넘쳐흐르는 4열의 크고 반투명한 실린더로 가장자리까지 채워져 있다. 실린더의 각 열은 긴 시리즈로 연결되어 있다. 첫 번째 수조에서 마지막 수조로 흐르는데 물은 약 4일 정도 걸린다. 최초의 수조는 박테리아, 조류(algae), 달팽이, 이각류를 포함하는 영양분이 풍부한 연못의 단순한 서식동물이 들어 있다. 나중 수조는 보다 취급하기 힘 드는 생물 즉 고등식물, 대합조개, 연체동물 그리고 어류가 들어 있다. 이런 기분 좋은 온실은 현장으로부터 두 번째 유출물을 취급하는데 친절한 주의를 제공하는 "오수"라는 라벨이 유입관 위에 있다. 또 다른 표시판이 익살스럽게 경고하면서 "낚시금지"라고 쓰여 있다.

효과 측면에서, 온실시설물은 그것이 습지를 통하여 이동할 때 일어나는 물의 정화를 반복한다. 그것은 영양소, 병원균, 물로부터 독성을 취하기 위해 모든 종들을 부양할 수 있는 작은 인공적인 생태계인 일련의 소우주를 포함한다. 설계자인 존 토드(John Todd)는 과정을 다음과 같이 서술한다. "미시적인 박테리아는 폐수로부터 영양분을 실은 유기물질을 소비한다. 그리고 독성암모니아를 아질산염과 질산염으로 변화시키는데 그것은 좀개구리밥 속의 식물을 위한 적당한 먹이를 만든다. 수조의 측면에서 자라는 조류(algae)는 풍부한 영양물질을 소비하여 급속히 자란다. 달팽이와 동물 플랑크톤은 조류(algae)를 먹는다. 그 다음에 동물 플랑크톤은 줄무늬 배스, 틸라피아 그리고 피라미 등과 같은 물고기에 의해 먹힌다.—각 단계에서 폐수를 정화하면서 생태적으로 공학체계의 자연먹이사슬 순환을 양산한다."[118]

그 건물의 다른 부분은 시뮬레이션화 된 조수(tidal) 늪지인데, 유출물이 두 가지 특징적인 순환을 통하여 통과한다. 높은 조수동안은 산소가 없으며, 낮은 조수동안은 산소를 가진다. 늪지 그곳에는 갈대, 부들, 그리고 다른 식물 종들이 심겨져 있는데 이것은 신진대사의 다양성에 대한 중요한 자원이다. 종 다양성이 증가함에 따라, 흡수 또는 중화될 수 있는 합성물질의 범위가 증가한다.

이런 생태적인 폐수처리과정은 아름다우며 매우 효과적이다. 그 온실의 환경은 따뜻하고 매력적이며, 졸졸 흐르는 물소리가 건물에 스며든다. 플랜트박스가 천장에 매달려 있다. 그 체계는 기능의 통합부분으로 광범위한 종들을 위해 서식지를 제공한다. 건강한 유기물체와 생태계를 유지하는 유형을 지지함으로써, 그것은 최소한의 에너지 투입과 화학제 개입을 가지고 높은 질의 처리를 성취한다. 유기물체 스스로 기계적인 상대역보다 훨씬 더 융통성을 가지면서, 일종의 "살아있는 기계"를 형성하면서 폐수처리 작업을 한다.

기존 처리에서, 염소는 폐수를 소독하기 위하여 첨가된다. 이것은 적절한 효과를 가진 병원균을 중화시키는 직접적인 목표에 대처하는 한편, 염소는 높은 독성 부산물을 생산한다. 살아있는 기계에서, 식물들, 물고기, 그리고 다른 종들의 다양성은 풍부한 수조환경의 대소동으로 병원균을 파괴한다. 분명히, 깨끗한 물을 생산하고 신록의 온실을 부양하는, 독성을 중화시키는 과정은 부가적인 독성을 발생하고 영양물질을 낭비하는 과정보다 더 유망하다.

118) Tom Crane and John Todd, "Solar Aquatics: Nature's Engineering," *Pollution Engineering* (15 May 1992): 51.

프로비던스 시의 살아있는 기계의 절묘한 복잡성은 완벽히 조직화된 것은 아니다. 대신에, 그것은 다양성을 가진 파종, 지능 웹, 그리고 출현을 포함하는 세 가지 과정으로 설명된다. 이 세 가지 과정은 모두 성공적인 자기설계 체계에 기초한다. 다양성을 가진 파종은 형성체계를 위한 행동에 대한 다양한 전체 목록을 제공함으로써 창의성을 촉진시키는 방법이다. 지능 웹은 국지 인식과 행동으로부터 전일적 반응을 발생시켰다. 출현은 체계를 구성하는 부분에서 나타나지 않는 속성들의 자발적인 발현 또는 조직의 수준이다.

자기설계 체계는 명백한 지침 없이도 가치 있는 기능을 수행한다. 그들은 그들 자신의 연결을 증대시키고, 그들 자신의 해결책들을 발견하고, 그들 자신의 구조를 만든다. 그들은 일련의 활동을 조정하기 위한 중앙처리단위 또는 5성 장군 없이 완전한 참여방식으로 이 모든 것을 이루었다. 왜냐하면, 새로운 행태가 출현하기에, 자기설계 체계는 통제에 대한 우리의 소중한 개념을 좌절시키면서 여전히 아름다움과 응집력을 가지면서 수행한다.

자기설계 과정은 만약 그들이 요소에 대해 넓은 다양성을 가지고 전개된다면 보다 더 활기가 있을 것이다. 환경에 의존하여, 다양성은 종, 생태계, 문화, 사업 또는 기술의 수준에 있을 것이다. 그 다양성은 외부의 교란과 기회요소의 큰 범위에 적응하게 된다. 예를 들어, 혼작은 작물들의 강압 하에서 자기선택이 될 때, 최소한의 수확을 보증하는데 도움을 준다. 자기설계 체계에서 각 요소는 지식의 근원이며, 생존의 해결책으로의 유망한 기여자가 된다.

잘 파종된 체계에서, 구성요소들은 비록 그들이 변화하는 여건에 의해 도전 받고 있을 지라도 번성할 수 있다. 그들은 범조직적인 토론을 하는 한편, 개별로서 그들의 보전을 유지할 수 있다. 실제로, "일단 우리가 자연선택에 의해 형성된 목적을 가진 메카니즘을 이해한다면, 우리는 그것이 사건, 무질서, 임의의 징후로서 초기에 많이 잘못 해석한 생태계를 훌륭한 소형화와 생태계 복잡성으로 인식할 수 있다. 지금 자연의 자기관리체계에 대한 안내는 우리의 생활지탱토대 파괴 또는 위험, 엉성한 시도 등, 우리의 경험 없고 비용이 많이 드는 기술을 대체하기 위해 보다 더 효율적인 듯하다."[119] 살아있는 세계는—모든 다양성에서—활용을 기다리면서, 진화적인 설계지혜의 풍부한 근원을 제공한다.

살아있는 기계에 파종하는 것은 아주 중요하다. 그것은 자기 수선, 보전, 그리고 전체 효율성을 위해 생태적 다양성에 의존한다. 살아있는 기계를 위한 설계원칙들의 설명서에서, 존 토드(John Todd)는 많은 종류의 다양성을 강조한다. 광범위한 신진대사 기능을 제공하는 다양한 미생물 군집사회, 태양광선을 이용하게 하는 다양한 광합성 군집사회, 영양분 추적을 제공하는 다양한 지질적, 광물적 자원, 그리고 모든 유용한 니치(생태적 지위)를 이용하게 하는 박테리아에서 척추동물에 이르는 다양한 생물종 등이다. 건전한 열역학적 설정을 위해 "유기체와 서식지의 다양성은 생태적으로 공학화된 체계에 대한 화학적 융통성을 최대화하도록 허용해 준다. 그 이유는 각 생물문, 생물분류군 그리고 개체는 유일한 생물화학표시에 의해 특성화되기 때문이다."[120] 이런 융통성은 체계에 독성을 중화

119) Howard T. Odum, *Environment, Power, and Society* (New York: John Wiley & Sons, 1971), 101.

120) 보고서 초안. Paul Mankiewicz "Biological Surface, Metabolic Capacitance, Growth, and Differentiation: A Theoretical Exploration of Thermodynamics, Economic, and Material Efficiencies in Fluid Purification Systems," a 1993 report from the Center for Restora–

하도록 허용하며, 일단의 영양물질을 실용화하도록 한다.

토드(Todd)는 또한 살아있는 기계와 밀접하게 관계되는 생태계 중 적어도 세 가지 다른 것이 필요함을 강조한다. 이런 법칙은 체계가 동등한 스트레스 하에서 자기설계를 할 수 있는 범위를 초월하는 복잡성의 임계치가 존재하는 것을 암시하는데, 이것은 매우 흥미로운 것이다. 이런 임계치 아래, 새로운 상황에서 체계들은 붕괴되고 나빠진다. 같은 방법으로, 농업체계들이 전염병, 질병, 잡초에 저항할 수 있는, 그들의 영양분 순환을 개선할 수 있고, 토양을 유지할 수 있는 다양성의 수준이 있다. 이 다양성이 없다면, 작물들은 그들의 계속되는 생존을 위하여 부가적인 투입에 의존하게 된다.

지능적인 웹은 자기설계 체계의 행태 핵심이다. 대규모 통합을 달성하는 방법에서 국지적으로 정보를 공유하면서, 체계의 요소들은 함께 공명할 수 있는 율동이 있다. 그 지능 웹은 명령의 위계적인 사슬에 의해 추진되지는 않는다. 대신에, 그것은 중심, 주변의 구분 없이 동등하게 배분된 방식으로 성장하고 반응한다. 엄격하게 국지 방식으로 실행되는 형태와 행동이 나타나는데, 그것은 여전히 범체계적인 조화를 보이고 있다.

유기체의 성장과 발달과정, 즉 형태형성(morphogenesis)은 지능 웹의 좋은 사례를 제공한다. 나무가 성장할 때, 나비는 날개 유형을 발달시키고, 표범은 피부의 반점을 형성하며, 난은 꽃을 피운다. 세포의 분산된 네트워크는 단지 국지적 신호에 반응하면서 분화하고, 분리되고, 그리고 위치를 변경한다. 마치 대류세포가 중요한 기온 임계치를 넘을 때, 형태가 없는 배경으로부터 공간구조가 창조되듯이, 풍부한 형태들은 발달하는 유

---

tion of Waters, Falmouth, Mass.

기체로부터 갑자기 나타난다.

로저 레윈(Roger Lewin)이 언급하듯이, 불개미집단에서 "집단의 영양물질 필요성은 전체 집단에 의해 알려진다. 왜냐하면 일개미는 집단을 위해 하나의 위를 효과적으로 만들면서 그들 위 내용물에 대한 샘플을 끊임없이 교환한다."[121] 같은 방법으로, 살아있는 기계로 함께 일하는 유기체는 공통의 화학적 언어를 공유한다. 그들은 그들 자신의 지속적인 존속을 위해 집단적으로 그들 자신의 신진대사과정을 조절하며 마음에 드는 여건을 유지한다. 지능 웹에서 각 요소는 그들의 정체성과 맥락을 위해 다른 요소들을 요구한다. 단지 조각으로서가 아닌 관계의 유형에서의 정보와 지능이 있다. 거미집과 같이, 만약 그것이 어느 한 장소를 건드리면 다른 장소에서도 반응할 것이다.

지능 웹은 초기에 논의된 복잡성의 위기에 대한 대비이다. 그것은 효과적인 의사소통을 통하여 국지반응이 통합될 수 있도록 허용하는 복잡성에 대한 분산반응이다. 예를 들어, 인지과학자들은 신경단위 네트워크는 배분된 방식으로 기억들을 저장할 수 있다는 것을 알고 있다. 단일 신경단위는 기억할 수 없고, 단지 신경단위들이 전체 집단 제휴하여 행동할 때만 기억 가능하다. 같은 경우가 인간면역체계 내에서 행동하는 항체이다. 지능 웹은 근본적으로 그들 구성요소들의 효과를 개선한다.

출현은 자기설계 체계의 중심이다. 다양성을 가진 종자, 지능 웹을 설명하게 하며, 그 체계는 자발적으로 풍부한 새로운 형태를 나타낸다. 그것의 부분에 의한 것이 아닌 출현은 질적으로 자기 통합의 새로운 수준으로

121) Roger Lewins, *Complexity: Life at the Edge of Chaos* (New York: Macmillan, 1992), 175.

의 도약이다. 그것은 단순한 구성요소들 사이에 풍부한 상호작용의 연금술로부터 부글부글 거품이 이는 새로운 질서의 전형이다.

초기 파종단계에서, 살아있는 기계는 일반적으로 변덕스럽다. 어떤 때에 그것은 순수 물을 생산하지만, 어떤 때는 그렇지 않다. 여전히 그것은 자기설계를 시작하고 있다. 종들은 적절한 서식지를 찾는다. 그리고 그들의 수는 들어온 물의 수질을 반영하기 시작한다. 여전히 신뢰성 있는 깨끗한 유출물을 생산하는 한편, 갑자기 체계는 투입 시 야기되는 광범위한 변이를 취급할 수 있다. 그 체계는 출현 자산을 얻었다. 그것은 복원력이다.

살아있는 기계는 폐수의 정확한 특성에 반응하면서 자기설계를 위해 계획적으로 설정된다. 프로비던스 시의 시설물에서, "하위 생태계들은 폐수 흐름의 강세에서 빛과 같은 외적 요인과 변이들, 또는 내적 변이들을 투입하는 반응에서, 각 단계별로 달리 자기설계 한다. 이들 자기설계 결합은 역동적이고 매우 다양하다."[122] 핵심 종이 가치가 있을 것으로 판명되는 것은 거의 드물다. 나아가서 유기체, 신진대사, 서식지의 다양성을 가진 초기 파종은 생육 가능한 체계의 윤곽이 발현되리라 믿게 한다.

만약 우리가 페트리접시(세균배양용 용기)에서 벨루소프-자보틴스키 반응[123]을 위한 일반 화학제를 배치한다면, 상당히 귀중하고 색다른 현상이 발생할 것이다.[124] 몇 븐 후에, 엔트로피 쇠퇴와 무질서에 대한 우리

122) John Todd, "Living Machines for Pure Water: Sewage as Resource," in *Mending the Earth: A World for our Grandchildren*, ed. Paul Rothkrug and Robert L. Olson (Berkeley: North Atlantic Books, 1991), 117–8.

123) 역자 주: 1958년 러시아의 화학자 벨루소프가 외견상으로 아무런 원인도 없이 무로부터 자연적으로 패턴을 형성하는 화학반응을 발견했으며, 이를 1963년 역시 러시아의 화학자인 자보틴스키가 벨루소프의 반응을 조금 변형시켜서 공간 속에서도 패턴을 형성시키는데 성공했다. 이후 영광스럽게도 그와 유사한 화학반응에는 '벨루소프–자보틴스키 반응'이라는 이름이 붙게 되었다.

의 기대를 반박하면서, 나선 파동이 접시에서 퍼진다(그림 16). 미세한 불순물질이 이들 출현 형상에 정착한다. 그것은 평형에서는 결코 일어나

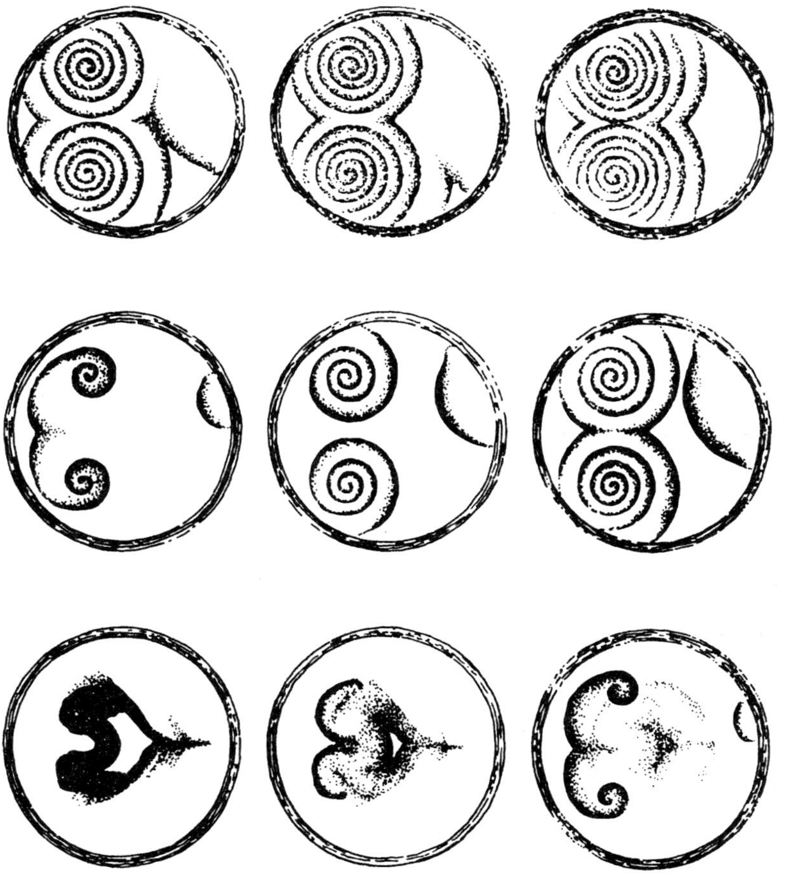

그림 16 • 나선형 소용돌이 파동의 형성을 보여주는 Belousov-Zhabotiskii 반작용의 연속적인 단계들

124) Nicolis and Prigogine, *Exploring Complexity*, 15-26. 참조.

지 않을 일련의 반응에 의해 유지된다. 이 반응은 자기설계 체계를 위한 좋은 비유이다. 어떤 뜻밖의 내부 역동성을 통하여, 그들은 복합성과 함께 뛰쳐나오고 그들 자신의 모두를 결집한다.

통제체계의 수많은 양의 에너지, 물질, 그리고 중심화 지능을 이용하는 대신에 그들 자신 자기설계 경향들을 권장하는 것이 더 쉬울 것이다. 우리는 그들을 고의적으로 강요하는 것보다 오히려 유용한 속성들을 출현하도록 할 수 있다. 자기설계는 새로운 형태와 가능성을 가진 쾌활한 실험 중의 하나인 창조적인 세계를 제안한다. 너무 오랫동안, 우리는 설계분야가 불활성 세계를 형태화 하는 것에 기대하였다. 대안은 자연의 자기설계 잠재력을 서서히 촉진하도록 하는 것이다.

추이대(ecotones)

금문교에서 몇 마일 북쪽에 위치하고 샌프란시스코 만의 팔의 기능을 하는 리차드슨 만에 이른 아침이 찾아온다. 심(Sim)은 노젓기 위하여 그의 거주용 배를 떠날 때, 보트 가까이 말뚝에 앉아 있던 큰 푸른 왜가리가 알아차리고 불안해 하면서 체중을 이동한다. 심(Sim)은 배(shell: 경쾌하고 가늘고 긴 경주용 보트)를 준비하려고 하는데, 왜가리는 경계를 계속한다. 한 쌍의 해오라기가 가까이 지나가면서 물에 떠서 위치를 잡고 있다. 갈매기는 각종 혼합조개껍질을 떨어뜨리면서 집배의 지붕에서 요란한 아침식사를 계속한다. 심(Sim)이 집으로부터 몇 동작 물을 따라 활주했을 때, 그는 가까이 평행항적을 알았다. 순간 바다사자가 그의 빛나는 검은 머리를 물위로 올린다. 그에게 짧은 거센 콧김으로 인사하며, 그리고 나서 차가운 물 속으로 사라진다.

그는 오래된 선박들을 통과하면서 노를 저어 갔다. 이 선박은 지금 즉석 연주를 하는 집으로서 부두를 벗어나서 정박되어 있으며, 이웃 마리나의 방파제를 따라 향하고 있다. 말뚝에는 쭉 펼친 날개를 말리는 가마우지와 부푼 가슴에 긴 부리를 가진 새끼 펠리컨이 차지하고 있다. 아침공기는 고요하다. 솜 같은 층의 안개가 소살리토 위의 언덕에 놓여있다. 아침 통근배가 다리를 향해 왈도 그레이드(Waldo Grade)쪽으로 나아갔다. 갈매기의 일상적인 희롱과 지나가는 해오라기의 이따금 내는 외마디 소리를 제외하면 수변은 고요하다.

만의 가장자리는 생태학자들이 *추이대*라고 부르는 곳의 사례지역이다. 그것은 자연환경의 두 가지 또는 여러 다른 유형들이 결합되어 있는 가장자리이다. 여기에 그들 서식자들은 함께 먹고, 어울리고, 재생산하고, 놀기 위해, 그리고 사냥감을 위해 찾아온다. 추이대는 매우 다른 지역들의 부드러운 중첩이다. 젖은 종이 위 수채화의 조각같이, 다른 지역들이 새로운 스펙트럼의 색채를 만들기 위해, 추이대에서 뒤섞인다. 추이대는 잘 스며들 수 있다. 그들은 자원, 에너지 또는 의사전달의 흐름에 장애를 보여주는 견고한 가장자리 또는 경계와는 반대이다. 놀랄 것도 없이, 그들은 또한 최대의 생물다양성과 생산성을 가진 장소이다.

이것의 자연여건에서, 물과 육지가 만나는 만, 가장자리 추이대는 보통 조수작용에 의한 늪지이다. 늪지에서, 담수는 많은 해안 생물종들의 산란과 부화를 위한 적당한 소금 함유물을 제공하는 해수를 만난다. 하류에서 가져온 영양물질과 유기퇴적물은 수생식물에 살고 있는 박테리아에 의해 흡수된다. 차례로 그들은 소형물고기와 개구리를 위한 먹이인 보다 큰 미

생물에 의해 먹힌다. 소형물고기와 개구리들은 수변 새들의 먹이가 된다. 늪지와 같은 추이대는 살아있는 비옥한 장소이다.

리차드슨 만의 해안을 따라서, 비록 패치경관은 남아 있지만, 많은 고유 늪지 추이대가 사라졌다. 이런 과정은 수백 년 전보다 더 일찍 시작됐다. 항해를 할 수 없는 배들이 해변 가까이에서 썩도록 내버려두었다. 도로를 만들기 위해 언덕을 폭파하였다. 그리고 암석 파편은 해변 가장자리에 쏟아 놓았다. 자연그대로의 추이대는 대규모 공공 프로젝트에 의해 대부분 훼손되었다: 도로건설과 전함 조선소. 만약 1940년대의 계획가들이 그들 방식대로 계획하는 여건이 주어졌다면, 결국 고속도로와 물 사이에 죽은 지역만 남겨놓은 채, 8차선 고속도로가 수변을 따라 건설되었을 것이다. 다행히도, 이런 제안은 실패했다. 제2차 세계대전의 시작에서, 카이저(Kaiser)와 벡텔(Bechtel)은－전시 때의 거대 토건업자들인데－금문교로의 새로운 접근을 위한 고속도로 건설동안 굴착된 성토 위에 수 마일의 소살리토 해변을 따라 거대한 조선소를 신설했다. Mill Valley 소읍의 해안도로를 따라서 보다 늪지가 도로변 사업과 높은 조수에 의해 수위 아래인 곳을 높은 위치로 계획된 도로공사에 의해 성토되었다.

불행히도, 대부분의 설계는 추이대에 적대적이었다. 산업시대 도시들의 급속하고 위험한 성장의 반응에서, 20세기 초기에 개발된 것과 같은 도시계획실천은 개발을 분리된 단일 토지이용지역들 즉 주거용, 산업용, 상업용, 그리고 레크리에이션용으로 구역화했다. 정부행위는 실망스러웠는데, 특히 접근성이 좋은 곳에 있는 오래되고 보다 유기적인 개념을 가진 혼합토지이용들을 무자비하게 제거했다. 건축가들은 단일 이용 건물을 위한 새로운 원형들을 창조하는데 초점을 맞추었다. 이들 모형은 불가피하게 가장자리와 다른 체계들과 상호공통영역을 무시했다.

건축가는 여전히 it[125]를 설계하고 있으며, 비록 그것이 가장 풍부한 교환과 상호작용이 일어나는 장소인 가장자리 또는 추이대일지라도, 가장자리는 거의 설계하지 않는다. 그 결과 현대도시와 건물들은 견고한 가장자리를 가지고, 그들은 추이대를 방해하는 경향을 갖는다. 계획과 개발은 여전히 토지이용 사이의 분명한 분리를 좋아한다. 그리고 물론 자동차가 비디오게임 팩맨(Pac-Man)과 같이 추이대를 먹는다.

의도적으로 개선된 추이대는 사람들 사이 그리고 사람과 자연 사이 접촉을 증진시킨다. 예를 들어, 정원, 마을 그리고 (다변화된) 가족농장은 역사적으로 인간과 자연 사이의 복잡한 상호접촉을 통합한 풍부한 추이대들이다. 다른 추이대들도 부수적이다. 캠퍼스들이 지방사람들을 만나는 Town-Gown Edge(시민과 대학 측이 만나는 가장자리)가 사례이다. 여기서 우리는 지성인과 보헤미안(인습에 구애 받지 않고 자유분방한 사람)의 전통적인 거주지, 즉 여러 이론들을 천천히 말할 수 있고, 정치를 분석하며, 대단하거나 또는 대단하지 않는 생각이 잉태되는 커피점과 값싸게 먹는 장소를 발견한다. 대규모 도시재개발계획은 가끔 그런 활기가 넘치는 장소를 쓸어버린다.

자연 그대로의 늪지 추이대가 개발에 의해 소멸되어 가는 한편, 새로운 유형의 추이대가 리차드슨 만 수변을 따라 만들어지고 있었다. 전쟁의 끝무렵 한때, 거대하고 분주했던 조선소는 텅 비게 되었다. 산더미 같은 산

---

125) 역자 주: 여기서 it는 자연을 칭한다. Gutkind의 자연에 대한 인간의 태도로 산업기술사회에서 자연을 단지 개발의 대상으로 보는 it라고 생각하는 데서 유래하였다. 고대에는 자연을 Thou라고 하여 두려운 대상으로 생각하였다. 앞으로 나아갈 바는 자연에 대해 윤리의식과 책임감을 자연과 조화를 이루는 생태적 방식으로 나아가야 한다고 그는 얘기하고 있다.

업과 해변쓰레기가 버려졌다. 쓸모 있는 선박들과 기계를 거의 공짜로 가질 수 있었다. 그리고 토지와 물공간은 이전 조선소를 많이 인계받은 느긋한 포르투갈인으로부터 월 몇 달러에 임대될 수 있었다. 자유정신을 가진 다수의 주민들은 전함조선소의 해체로부터 남은 고물들로 임시 수상집으로 재생하기 시작하였다. 강철 상륙용 함선, 바지선, 퇴역 연락선이 다리로 대체되었다. 그리고 산업용 헛간은 아늑한 떠 있는 집과 작업실이 되었다. 철학자 앨런 왓츠(Alan Watts), 예술가 장 바르다(Jean Varda) 그리고 최초의 개념적 설계/예술단체인과 같이 작고, 창의적이며, 자가생산하며, 유용한 모험적 사업가인 앤트 팜(Ant Farm), 스튜어트 브랜드(Stewart Brand)의 *Whole Earth Catalog*를 포함한 예술가, 작가 그리고 지성인이 이 수변에 모여들었다. 식물과 동물이 서식한 자연 그대로의 추이대는 생활과 함께 공존하면서, 인간과 활동의 풍부한 다양성이 확립된 주목할 만한 사회적 추이대들이 되었다.

견고한 가장자리보다, 추이대를 설계함으로써, 우리는 상호작용을 강화한다. 우리는 생태적인 추이대에서 생명의 막대한 다양성을 가져올 수 있으며, 도시 추이대에서 막대한 문화적, 경제적 다양성을 북돋운다. 이렇게 함으로써, 우리는 물질, 에너지, 자기설계 과정을 촉진할 수 있는 정보의 흐름을 촉진한다.

생물다양성

생물학자 이 오 윌슨(E. O. Wilson)은 *생물다양성*을 정의하기를 "유전적 변형 속성에서부터 속, 과 그리고 여전히 보다 높은 분류단위의 배열에서 종들의 배열을 통한 같은 종에 이르기까지, 다양한 유기체가 모든 분류단위에서 고려된다. 또한 생태계들의 다양성은 특별한 서식지 내에 사는 유기체들의 군집사회와 그들이 살고 있는 물리적 조건 둘 다를 포함한다."[126]라고 하였다. 생물다양성은 40억 년 동안의 진화적 설계의 진정한 수확이다. 그것은 지구에서 생명을 유지하는 관계의 유형이다. 생물다양성 내를 감싸는 것은 유기체와 유기체, 그리고 유기체와 환경에 적합한 유전자 정보이다. 생물의 다양성은 10종에서 5,000만 종을 포함하는데, 각각은 천여 개에서부터 몇 백만 개의 유전인자를 보유하고 있다. 이런 생물학적 복잡성을 지도로 그리기 위한 시도는 완전하지 않으므로, 아마존에서 곤충 잡는 기구로 아직 목록에 올라가 있지 않은 완전히 새로운 수십 종을 잡는 것은 일상적이다.

우리는 빠르게 이런 다양성을 잃고 있다. 진화시대동안 100만 종 중 1종이 매년 멸종해왔다. 인간행위는 이런 배경 수준의 멸종률을 1,000배 증가시켰다. 윌슨(Wilson)에 따라서, 매우 조심스럽게 예측한다면 "매년 멸종하는 종의 수는 27,000종이며, 이것을 환산하면 매일 74종, 그리고 매시간 3종이다."[127] 생명의 다양성은 하나의 조제서와 같은 것으로, 농업을 위한 유전적 다변성의 자원이며, 잠재적으로 가치 있는 물질의 수집물이다. 생물다양성은 또한 훨씬 많은 잠재력을 가진다. 그것은 우리 진화의 본향이다.

가장 심도 있는 수준에서, 생태설계는 생물다양성을 위한 설계이다. 만약 우리가 마음에 드는 같은 우리 동료인 생물들과 함께 하는 설계를 실패

126) Edward O. Wilson, *The Diversity of Life* (Cambridge: Harvard Univ. Press, 1992), 393.
127) Ibid., 280.

한다면, 우리는 궁극적으로 우리 스스로를 잃게 될 것이다. 철학자 브라이언 노튼(Bryan Norton)은, "생물다양성의 가치는 현재 존재하는 모든 것의 가치이다. 그것은 지금부터 이 세상의 끝까지 모든 나라들의 모든 GNP 합의 가치이다. 우리는 우리의 삶과 경제가 생물다양성에 의존하는 것을 알고 있다."[128]라고 말했다. 생물다양성은 세계에서 가장 정교한 형태의 복잡성이다. 그것은 전일적이고 역동적이며, 전체 생태계에서 더 이상 축소할 수 없을 정도의 개별 종들로 거대한 경관 내에서 함께 엮어졌다. 아마존 열대우림을 잃는다면, 우리는 잘 살 수 있는 실마리를 잃는 것이다. 세계에서 그들 방식대로 살아온 종들이 갑자기 그들의 서식지를 잃고 멸종되면, 그들의 공진화적 지혜도 영원히 소멸될 것이다.

몇 년 전에, 일련의 실험은 진딧물, 무당벌레 상호작용[129]에 대한 공간적으로 복잡한 환경에 대한 효과에 초점을 두었다. 미역취 속의 식물인 Goldenrod의 지속적인 피복을 가진 장소에서, 무당벌레는 포식을 통해 진딧물 개체군 수를 낮게 유지하였다. Goldenrod와 풀 패치의 혼합유형을 가진 장소에서는, 어떤 놀랄만한 일이 일어났는데 무당벌레들이 개방 풀밭으로 이동하기 싫어하였다. 그러나 진딧물은 그렇지 않았다. 이것은 진딧물을 보다 빠르게 확산하도록 할 수 있었다. 포식으로부터 일시적인 피난처를 발견하면서, 그들 수를 증가시켰다. 물론 진딧물의 수가 많아지면 질수록, 무당벌레도 또한 보다 많이 부양될 수 있었다. 공간구조의 추

---

128) Bryan Norton, "Commodity, Amenity, and Morality: The Limits of Quantification in Valuing Biodiversity," in *Biodiversity*, ed. Edward O. Wilson (Washington, D.C.: National Academy Press, 1988), 201.

129) P. Karieva, "Predator-Prey Dynamics in Spatially Structured Populations: Manipulating Dispersal in a Coccinelid-Aphid Interaction," *Mathematical Ecology: Lecture Notes in Biomathematics* 54 (Berlin: Springer-Verlag, 1984), 368-89.

가는—서식지의 유형변화—두 종들 다 개체군 수준을 증가시켰다.

우리는 이런 이야기를 생태학과 복잡성에 대해 나타나는 견해에 대한 비유로 여길 수 있다. 진딧물과 무당벌레는 우아한 상태, 어떤 "자연의 균형"으로 도달하지 않았다. 그들은 초지와 Goldenrod의 경관에서 뒤로 앞으로 이동했다. 최종 결과가 불확실한 채로, 임의 변동으로 결정되면서 그들의 수는 여기서는 증가하고 저기서는 감소했다. 역사학자 도날드 워스트(Donald Worst)는 이런 주제에 공감했다: "자연은, 많은 사람들이 믿기 시작하기를, 근본적으로 변하기 쉬우며, 불연속적이며, 예측불가능하다. 그것은 현상이 어떻게 작용할 것이라고 예상하는 모형을 교묘히 피하는 어렴풋한 임의의 사건으로 충만 된다. 결과로서, 예기치 않은 것이 면전에서 우리를 타격한다. 구름이 모이다가 흩어지고, 비가 오다가 오지 않다가, 우리의 조심스런 일기예보가 무시당하는데, 우리는 그 이유를 설명할 수 없다."130) 자연세계의 많은 복잡성은 자기 과신에 대한 강력한 교정수단을 제공한다. 왜냐하면, 만약 생태계 역동성에 대한 우리의 지식에 근본적인 한계가 있다면, 우리는 쉽게 우리의 나무농장, 자연보호구역 또는 이산화탄소 방출의 수준을 "최적화"할 수 없다. 우리는 겸손과 불확실성을 가진다.

그렇게 오랜 과거가 아니지만, 자연의 균형에 관한 우리의 사고는 평형상태에서, 개체군 수준을 가진 성숙한 군집사회의 존재를 약속하였다. 천이의 이론에 의하면 생태적 군집사회는 최종인 극상군집사회까지 예측할 수 있는 단계들을 통하여 이동하고 있다고 확신하고 있다. 전형적인 천이

130) Donald Worster, "The Ecology of Chaos and Harmony," *Environmental History Review* 14 (1990): 13.

연속은 이끼류와 지의류와 같은 억센 유기체에 의해 맨 바위에서 군락화하기 시작하였을 것이다. 시간이 지남에 따라, 바위가 부서지고 천천히 토양이 생성된다. 이런 메마른 토양은 뿌리를 내리기 위한 몇몇 거친 풀에만 적합할 것이다. 이후, 키 큰 식물들이 그늘을 제공하고 기후를 완화시켜준다. 그리고 수백 년 후에, 완전히 성숙된 산림으로 발달한다. 다른 극상생태계를 위한 그 밖의 연속들은 쉽게 상상될 수 있다.

이런 이야기는 대략 정확한 한편, 예측할 수 있는 극상군집사회로 이르게 하는 규칙적인 천이의 옛 모습이 많은 중요한 뉘앙스를 파악하는데 실패하는 증거들이 나타나고 있다. 생태학에 있어서 현재 논쟁들 중의 하나는 먹이사슬의 집합—즉 생태계를 구성하는 다양한 종들이 실제로 어떻게 함께 하는가에 관한 관심사이다. 최근 컴퓨터 시뮬레이션이 보여주었다.131) 수십 종들이 생산자들, 소비자들 그리고 분해자들로서 역할들을 부여받고 무작위로 구성되어졌다. 그들 역할에 기초해서 그들은 서로서로 협동하거나 경쟁하도록 성향이 주어졌다. 인위적인 먹이망이 종합생태계를 시뮬레이션 함으로써 임의적으로 새로운 종을 첨가하고, 그들이 멸종할 때 종들을 삭제하면서 모았다. 뚜렷하게도 집합된 먹이망은 모두 달랐다. 다른 종들을 내쫓아버릴 수 있는 일련의 우세종은 없었다. 그러므로 극상군집사회는 없었다. 대신에 최종결과는 종들이 첨가되는 정확한 질서에 의존하였다.

생물다양성은 정적이지 않다. 그것은 공간복잡성, 교란, 국지멸종, 그리고 경관 수준의 이동에 대한 배경에 따라 다르다. 때때로 우리는 생물다

131) J. A. Drake, "The Mechanics of Community Assembly and Succession," *Journal of Theoretical Biology* 147 (1990): 213–34.

양성이 태평양 북서부의 구멍 뚫린 것 같은 벌채된 성숙림이나 단절된 국립공원과 같은 약간의 야생지역, 혹은 국립야생지역과 같이 지나치게 간소화된 생태계에 의해 여전히 부양될 수 있다고 상상하기를 선호한다. 때때로 역시 우리는 생태계들은 교란－들불과 함께 하는 산림과 초원, 홍수와 함께 하는 범람원－의 특징적인 유형으로 공진화한다는 사실을, 그리고 생물다양성은 서식지, 기후, 재생의 복잡한 유형들에 의해 결정된다는 사실을 망각한다. 그것은 한 번에 한 종 또는 한 번에 한 장소를 유지할 수 없다. 그것은 완전히 길들어진 것에서부터 완전히 야생에 이르기까지 경관의 전체 연속체에 의존한다.

생태계 안정성과 관계되는 문제들은, 우리가 개체군들이 다양한 임의적 영향들에 예속되어 있다고 인식할 때, 각각은 그들의 변이성을 감소하는 경향이 있다. 이들 영향들의 약간은 알 에드워드 그룸바인(R. Edward Grumbine)에 의해 식별되었으며 다음을 포함한다.

1. 개별 개체의 생존과 재생산 능력들을 변경하는 유전자의 불확실성 또는 유전자 구성에 있어서 임의 변화들
2. 개체군에 있어서 개별의 생존과 재생산에서 임의 사건으로부터 야기되는 인구통계학적 불확실성
3. 기후, 날씨, 먹이공급 그리고 경쟁자, 약탈자들의 개체군 등에서 예측할 수 없는 변화들에 기인하는 환경 불확실성
4. 임의 간격으로 일어나는 허리케인, 화재, 가뭄 등과 같은 그런 현상으로부터 대재난의 불확실성[132]

132) R. Edward Grumbine, *Ghost Bears: Exploring the Biodiversity Crisis* (Washington, D.C.: Island Press, 1992). 32.

"생태학자들은 실제로 복잡한 생태계가 왜 존재하는지에 대한 질문에 직면하게 된다."[133]는 것은 이 목록에서 볼 때 분명하다. 제시되는 답은 주어진 종들의 국지 개체군들이 계속적으로 멸종하며, 단지 가까이 있는 또는 보다 먼 곳에서 생존하고 있는 개체군들로부터 재구성된다는 것이다. 전체경관은 생태계들을 있는 그대로 지켜주는 역할을 한다. 만약 우리가 상호 교환할 수 없는 불투수성 생태계를 만든다면, 그들은 분리된다. 생태계들은 심지어 보다 큰 생태계일지라도, 오랫동안 그들 스스로를 보전하기 위한 충분한 내부적 피드백이 부족하게 된다. 만약 "보전생물학자가 듣는다면," 그룸바인(Grumbine)은 "그들의 이론들을 이런 충고로 순화시킬 것이다: 크게 생각하고, 관계를 생각하고, 전체를 생각하라"[134]라고 말할 것이다. 심오한 의미에서, 단일 종들을 유지하기 위하여, 우리는 수 마일 규모에서부터 수천 마일의 규모에 이르기까지 전체경관의 어떤 주요한 측면을 유지하여야 한다. 우리는 또한 차례로 종들을 부양하는 군집사회를 유지하여야 한다.

다양한 국지생태계들은 생물다양성의 기초 요소들이다. 그렇지만, 그들이 준 부수적인 안정성, 복원력, 그리고 자기설계 속성들은 다른 가까운 생태계들의 존재 여하에 달린다. 다양한 생태계들은 전체 대륙들을 연결하는 생태적 모자이크에서 건강한 타일들이다. 차례로 국지교란 또는 멸종이 발생할 때, 생태적 모자이크는 그것의 개별 타일들을 보충할 수 있다.

생물다양성은 종들의 다양성을 암시하지만, 그것은 또한 생태계의 다양성, 그리고 궁극적으로 그들 자신지역의 다양성을 암시한다. 그것은 모두

133) D. L. DeAngelis and J. C. Waterhouse, "Equilibrium and Nonequilibrium Concepts in Ecological Models," *Ecological Monographs 57*, no. 1 (1987): 1–21.

134) Grumbine, *Ghost Bears,* 62.

세 단계를 역점을 두어 다룰 때만 보전될 수 있다: 자생종들의 생존에 적합한 개체군들 유지, 천이상태들의 범위에서 대표적인 모든 자연생태계 유형 보호, 그리고 화재 관리 양식, 수문학적 순환들, 이동유형들을 포함하는 광범위한 규모의 생태적 과정들 존중 등이다.135)

서식지 파편화, 도로건설, 광산행위, 파괴적인 벌채작업, 그리고 전체 기후변화와 같은 결정적인 위협들의 면전에서, 그런 보전은 전례가 없는 참신한 종류의 생태설계를 요구할 것이다.

다행스럽게도, 경관생태학과 보전생물학의 조직적 학제는 심지어 대규모 인간개입의 맥락에서도 생물다양성을 유지하기 위한 어떤 강력한 설계 방법을 우리에게 주기 시작한다. 기본적인 형성구역은 모든 이용을 제한하는 *핵심보호구역*이다. 각 보호구역은 그것 주변에 더욱 더 집중적인 토지이용을 가진 지역에 대해 경계 지어진 *완충구역*에 의해 보호된다. 보호구역, 완충구역체계의 고심한 설명은 UNESCO의 인간과 생물권 프로그램(MAB)에 의해 채택되었는데, 그것은 지구 전체체계에서 약 300개 생물권 보호구역을 발달시켰다.136)

연방정부기관인 미국 야생어류 및 동물청은 "갭 분석(gap analysis)"으로 알려진 야심찬 생물다양성 매핑 프로젝트를 수행하고 있다. 이 프로젝트는 예시되지 않은 생태계 유형들, 절멸직전의 종들을 위한 서식지들 또는 다양성의 "위험 지대"를 식별하기 위하여 지리적인 식생자료, 알려진 종들과 식생의 관계로부터 연구한다. 만약 이들 지역들이 보호되지 못

135) Reed F. Noss and Allen Y. Cooperrider, *Saving Nature's Legacy: Protecting and Restoring Biodiversity* (Washington, D.C.: Island Press, 1994), 89.

136) 생물권 보호지역에 관한 더 많은 논의는 다음을 참조. *The Law of the Mother: Protecting Indigenous People in Protected Areas*, ed. Elizabeth Kemf (San Francisco: Sierra Club Books, 1993).

한다면, 그들은 미래 보호지역 또는 야생 지역들의 설정에 우선적 지위로 주어진다.137)

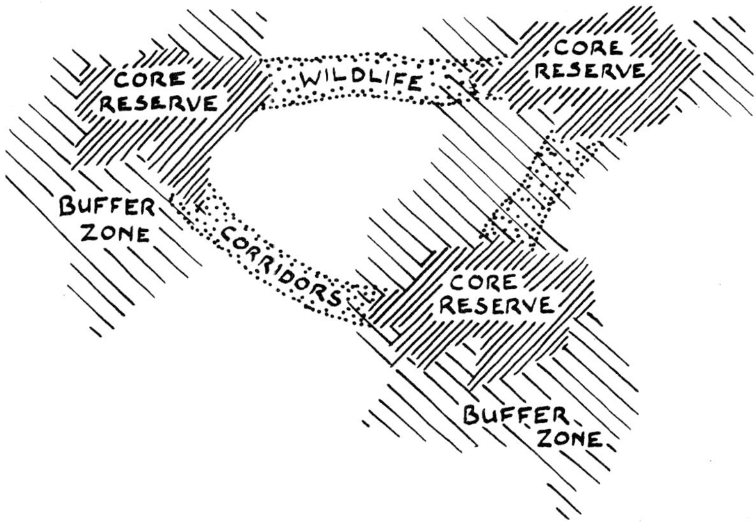

그림 17 • 핵심보호지역, 완충지역 그리고 야생동물 코리도

그러나 비록 조심스럽게 선택된 보호지역들이 생물다양성을 유지하는데 충분하지는 않다. 극심한 서식지 단편화로부터 고통을 겪고 있는 종들은 그들 소규모 보호지역을 연결하는 야생동물 코리도가 없다면 생존에 적합한 개체군들을 유지할 수 없을 것이다(그림 17). 야생동물 코리도들은 경관을 가로질러 안전한 이동을 허용함으로써 효과적인 서식지 지역을 증가시킨다. 하천제방들, 송전선들 그리고 생울타리는 보통 야생동물 코리

137) Noss and Cooperrider, *Saving Nature's Legacy*, 113–8.

도로 존재한다. 그러나 그들은 모든 종류들의 요구를 대처하지는 못한다. 계획적으로 설계되고 보호된 코리도는, 그렇지 않다면 파편화된 경관에서 *연결성*의 중요한 유형을 제공한다.[138)]

대형 포유류들은 특히 서식지 손실에 의해 위협을 받는다. 회색 곰은 가장 곤란한 사례를 제공한다. 한 마리 회색 곰은 그것의 행동권을 위해 약 100 제곱마일을 요구한다. 500여 마리 곰이 장기간 개체군 생존을 위해 요구된다면, 이것은 면적이 작은 48개 주에서 존재하는 어떤 야생지역보다 훨씬 큰 규모인 최소한 5만 제곱마일이 필요함을 의미한다. 분명히 어떤 단일 야생지역도 회색 곰들의 서식지로서 필요한 면적을 만족시킬 수 없을 것이다. 그렇지만, 분리된 야생 패치들을 연결하는 야생 코리도들은 잠재적으로 생존 적합한 회색 곰 개체군을 부양하는데 충분히 규모가 큰 전체 서식지 지역을 만들 수 있을 것이다. 제이 티 알 칼코벤(J. T. R. Kalkoven)에 의해 서술된 다음의 설계 지침은 작업하는 방법을 보여준다.

- 국지 개체군 크기를 증가시키기 위하여, 그리고 멸종의 위험을 감소시키기 위하여, 서식지 패치들의 크기나 질을 증가시켜라.
- 이동과 재정착을 위한 가능성을 향상시키기 위하여 패치의 수를 증가시켜라.
- 분산의 가능성을 향상시키기 위하여 코리도를 포함하고 장벽의 영향을 감소시킴으로써 경관의 저항성을 감소시켜라.[139)]

138) Ibid., 150-7.

139) J. T .R. Kalkoven, "Survival of Populations and the Scale of the Fragmented, Agricultural Landscape," in *Landscape Ecology and Agroecosystems*, ed. R. G. H. Bunce et al. (Boca Raton, Fla.: Lewis Publishers, 1993), 89.

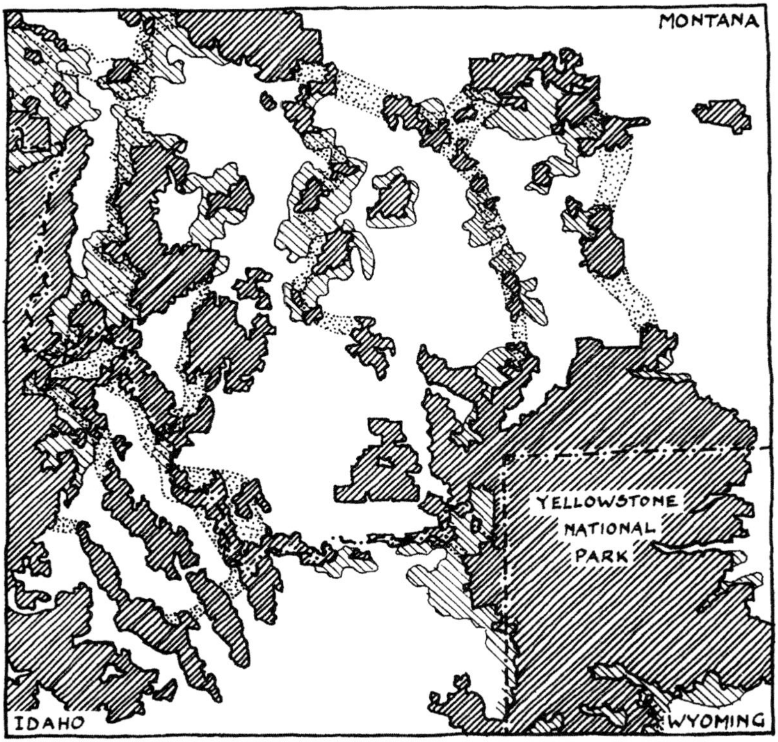

그림 18 • 북부 록키생태계 보호법에 의해 제안된 핵심보호지역, 완충지역 그리고 야생동물 코리도의 체계

이들 지침은 제안된 북부 록키생태계 보호법(H.R. 2638)에서 잘 이용되었다. 관련 연구보고서에 따르면, "야생록키생물지역의 잔류하는 야생생태계 중 어느 것도 생태계들이 서로서로 의존하면서 그들 자신 스스로 자연 그대로의 야생동물과 생물학적 다양성에 대해 자기 지속적 개체군들을 영속시킬 수 있는 충분한 크기는 하나도 없다. 그러므로 생물학적 연결

코리도의 체계는 법에 의해 보호된다. 이들 야생은 지역의 주요 생태계들 사이에서 발견되며, 야생동물과 식물이주, 유전인자 교환을 위해 중요하다."[140] 그 법은 미국의 가장 아름다운 야생지 여러 개를 분명히 연결하는 생태계 보호의 전일적 형태를 제공한다(그림 18). 그리고 이 법은 생물다양성을 상호 관계되는 생태계들에서 달성한다는 원칙에 근거를 둔다. 유사한 야생-코리도 네트워크는 캐스캐이드지역과 같이 양다리를 걸친, 즉 워싱턴 주와 브리티시컬럼비아 주를 포함하는 다른 지역들을 위해 제안되었다.

우리는 지구의 수집된 생물-지혜를 망라해서 이제 되풀이 될 수 없는 유형화된 이야기들에 관한 자연사를 알기 위해 공부하고 있다. 최적화와 효율성이란 고전적 경제개념은 우리 주변의 생태적 복잡성을 서술하기 위해서는 더 이상 적당한 개념이 아니다. 생태학자 다니엘 보트킨(Daniel Botkin)은 "우리가 항존성을 발견하기 위해 찾는 어느 장소에서든지 우리는 변화를 발견하며, 자연은 형태, 구조 또는 비례에서 일정하지 않으며, 시간과 공간의 모든 척도에서 변화한다는 사실을 알았다. 단순음악화음이 영원히 소리내는 것과 같이 정적인 경관에 대한 옛 사고는 우리의 상상력을 제외하고는 결코 존재하지 않기 때문에 포기되어야 한다. 인간 영향에 의해 교란되지 않은 자연은 화음이 변주에 의해 생기고 시간의 모든 간격에 따라 변화하는 교향곡과 같아 보인다."[141]고 적어두었다. 우리가 자연에서 평형과 균형의 소중한 개념들 위에서 시작할 때, 우리는 심층을 보며

---

140) *Northern Rockies Ecosystem Protection Act* (Missoula, Mont.: Wild Rockies Action Fund, 1993). Pamphlet.

141) Daniel B. Botkin, *Discordant Harmonies: A New Ecology for the Twenty-First Century* (New York: Oxford Univ. Press, 1990), 62.

보다 더 절묘한 양식의 장치를 본다.

우리는 또한 생물다양성과 문화다양성이 깊숙이 연결되어 있음을 상기해야 한다. 다양한 생태계들을 유지하는데 도움을 주는 국지적으로 채택된 전통지식체계는 급속도로 사라지고 있다. 반다나 쉬바(Vandana Shiva)는 설명하기를 "다양성은 자연의 특성이며 생태적 안정성의 기초이다. 다양한 생태계는 다양한 생활형을 낳게 하며 다양한 문화를 일으킨다. 문화, 생활형 그리고 서식지에 대한 공진화는 지구에서 생물학적 다양성을 보전한다. 문화적 다양성과 생물학적 다양성은 잘 어울린다."[142]라고 하였다. 현대의 농업관련사업과 산업은 "마음 속의 단일재배"를 생산한다고 쉬바(Shiva)가 말했다. 생태계가 다양성을 잃으면, 우리 자신의 사고양식에도 똑같이 다양성을 잃게 된다. 생물다양성을 위한 설계는 우리에게 인간의 단일재배로부터 해방을 요구할 것이다. 그리고 살아있는 세계에서 분명히 우리의 내재된 실현을 보아야 할 것이다. 그 힘든 일은, 그것은 지금 막 시작했지만, 이런 지식을 뒷마당에서부터 도시에 이르기까지 그리고 대륙에 이르는 다양한 범위를 가지는 규모에서 효과적인 설계전략들로 옮겨질 것이다.

142) Vandana Shiva, *Monocultures of the Mind: Perspectives on Biodiversity and Biotechnology* (London: Zed Books, 1993), 65.

모두가 설계자

– 제 4 원리

설계과정에서 모든 목소리를 들어라. 그 누구도 유일한 참여자 또는 유일한 설계자가 될 수는 없다: 모든 사람이 참여자 - 설계자이다. 각각의 사람이 가져오는 특별한 지식을 존중하라. 사람들이 그들의 장소를 치료하기 위해 함께 일할 때, 그들 또한 스스로를 고칠 수 있다.

설계지능 육성

우리는 모두 설계자이다. 우리는 끊임없이 우리 자신의 미래와 다른 사람의 미래를 형성하는 결정을 한다. 우리는 일상의 현실을 선택한다. 우리가 살아가는 장소와 방법, 우리의 시간과 에너지를 이용하는 방법, 우리가 가치를 두는 것과 우리가 누구를 돌볼까? 우리가 어떻게 돈을 벌며, 우리가 어떻게 소비할까? 모든 이들 선택들은 설계차원과 관련 있다.

하나의 종으로서 살아가는 동안, 설계는 직관적이었다. 그것은 문화에 내재된 것으로, 가족과 지역사회의 생활에서 매일 매일의 참여를 통하여 배운다. 국지지식과 물질들은 장소를 설계하고, 건설하고, 유지하기 위해 필요한 모든 것을 지역사회에 주었다. 모든 지역사회 회원들은 적절한 설계방법을 알았고, 그들 중 대부분은 복제될 수 있었다. 모든 사람들은 서 있을 벽을 건설할 수 있었다. 침식에 영향을 받지 않는 다랑논을 구성할 수 있었으며, 또는 주전자 밑에 열을 집중시키는 요리용 화덕을 만들 수 있었다. 사람들은 설계와 함께 살았다. 직접적으로— 때때로 고통스럽게— 성공 또는 실패를 경험하면서, 그리고 그에 상응하게 배웠다. 사람들은 실행함으로써 설계자가 되는 것을 배웠다.

보다 최근에, 거대한 전문설계조직이 이런 직관적인 설계과정을 대신하였다. 미국에서, 그들 자신의 집을 짓는, 그들 자신의 먹을거리를 가꾸고, 또는 그들 자신들의 물을 제공하는 능력을 가진 사람은 거의 없다— 예전에는 이런 능력들은 어떤 지역사회 회원에게도 기본적인 것이었다. 몇몇 다스의 조각난 설계분야들은 우리 생활의 물질적인 토대를 형성한다. 그 결과, 설계에 대한 생태적 함의는 대부분 우리의 의식으로부터 제거되었다.

생태설계에서, 기술적 학문언어와 장벽은 설계문제에 대해 공통된 이해를 위해 서로 교환된 철저한 참여과정을 제안한다. 생태설계는 지식이 중요하다는 것, 그리고 알고 있는 사람으로서 중요한 사람에 관한 옛날 규칙들은 변한다. 지속가능성은 전문적 과정이라고 하기 보다는 문화적 과정이다. 그리고 우리 모두는 우리 세계의 형성에서 기초적인 능력을 습득해야 함을 제안한다.

불행히도, 건축의 경우에는, 재래적인 교육실천은 여전히 홀로 개성 있는 건축가가 적대적이며 속물세계에 대항하여 싸운다는 애인 랜드(Ayn Rand)가 쓴 소설 *The Fountain Head* 에서 제안한 신화를 대부분 따른다. 건축설계는 일반적으로 의뢰인 또는 이용자들의 어떤 이해관계가 있는 협동적인 과정으로 가르치지 않는다. 오히려, 그것은 흔히 현실세계 제약요소 또는 필요(사회, 환경 또는 경제적)들에 의해 "오염"되지 않아야 하는 "순수" 과정으로서 가르쳐지고 있다. 심지어 그것은 개인적 방법의 형태, 즉 자기 표현을 위한 예술가의 투쟁으로서 설계교육을 접근하는 것이 유행이다.

건축은 여전히 19세기 동안 파리에 있는 에콜 드 보자르에서 개발된 스튜디오 도제체계인 *아틀리에*(일반적으로 화가, 조각가, 공예가 등 미술가의 작업장을 이르는 말)시대에서 공예품이었다. 학생들은 실무 건축가들의 도제가 되었으며, 건축가들은 그들에게 설계훈련을 시켰다. 건축가들은 형태와 양식에 관심을 가졌으며, 그것은 그리스 로마, 고딕과 르네상스 선례를 따르는 경향이었다. 학생들은 과거로부터 찬양된 사례들에 대해 근면하게 고통을 감수하면서, 연필과 수채화 그림을 그림으로써 이들 양식들을 배웠다. 스튜디오 운영자는 학생들이 설계하는 상상의 건물프로젝트에 대해 프로그램 또는 개요를 구성할 것이다. 그들의 개인작품들은 건축가의 패널에 의한 검토로 판단된다. 그리고 상들이 가장 우수한 설계에 수여되었다.

1,868년 MIT에서 첫 번째로 대학수준 전문교육을 건축에서 시작하면서, 스튜디오체계는 점차적으로 미국과 다른 나라들에서 대학교 교육 내로 통합되었다. 거의 변함없이, 그것은 여전히 오늘날 설계교육에서 우세한 힘을 가지고 있다. 만약 당신이 미국에서 100여 개의 건축과 설계대학 중 어느 곳을 방문한다면, 당신은 대학생활의 여가로부터 배제된 특별한 세계를 발견할 것이다. 건축학과 학생들은 핀으로 꽂힌 도면과 반쯤 끝낸 모형, 그리고 구겨진 연습용 황색 트레이싱지가 넘쳐흐르는 쓰레기통을

가진 어지르진 스튜디오 제도판에서 오랫동안 노동을 하면서 전형적으로 긴 밤과 주말, 그리고 수많은 수업시간에 시간을 쓰고 있다.

좋든 나쁘든, 설계문화는 스튜디오 체계에서 자란다. 그들의 이수 학점제에서, 스튜디오는 다학제적 학습과 폭 넓은 종합을 위한 유일한 기회를 제공한다. 그들은 심도 있게 문제들을 검토하기 위하여 많은 시간을 보낸다. 비록 이들이 실제 장소와 지역사회에 거의 근거를 두고 있지 않지만, 학생들은 사례연구를 통하여 배운다. 실제로 스튜디오는 생태설계를 가르치기 위하여 중요한 곳이다. 그것은 학생들이 실제 문제들과 실제 사람들을 소개받을 수 있는 장소일 수 있다. 또한 그 장소는 대학 내와 대학 밖, 다른 분야와 풍부한 상호작용을 가지는 장소이다. 그것은 학생들이 협동작업, 다학제적 행위로서 설계를 배우도록 허용할 수 있다.

스튜어트 브랜드(Stewart Brand), *Whole Earth Catalog* 를 만든 사람이면서, 건축과 건물에 대한 예리한 관찰자이기도 한 그는 건축설계 교육에 관한 문제는 현실 역할자와 현실정보가 배움 범위의 밖에 있는 것이라고 말했다:

> 건물 전체를 고려함으로써, 대학건축학과는 기능감퇴의 경향을 반전시킬 수 있었다. 그들은 시설관리자, 보전주의자, 실내디자이너, 개발업자, 프로젝트 관리자, 기술자, 토건업자, 건설 변호사, 보험외판원의 투입으로 교수진에 활력을 불러일으켰다. 학과는 이미 그들이 가지고 있는 어떤 홀대 받는 사람들을 장려할 수 있었다.—건물경제학자, 향토건물역사가들, 이용후 평가자들. 그런 활성화된 환경에서, 예술 지향적 건축의 명맥은 그것의 창조력이 홍수와 같은 자료와 사고에 대한 새로운 종합을 개발하려는 것을 탐구할 수 있는 모든 것을 가질 수 있었다는 것이다.[143)]

연구, 설계 치료소로서 스튜디오는 건축과 같은 설계분야에서 부족하기 쉬운 축적된 지식 기초를 구축할 수 있다. 설계스튜디오의 현재작업은 교실 밖에서 거의 실천되지 않는, 한 번의 연습에 시간을 낭비하고 있다. 특별한 이슈들－거대도시들, 도시야생동물 코리도들, 교외의 미래 인공습지－을 분석하는데 기반을 둔 스튜디오는 정보의 끊임없는 순환을 제공할 것이다. 토마스 피셔(Thomas Fisher)는 "건물을 설계하는데 있어서, 훈련으로서 우리의 교육을 파악하는 대신에, 어떤 이는 우리가 진실로 알아야 하는 것이 본질적으로 다른 정보의 많은 양을 융합하는 방법이고, 그것을 정돈하는 방법을 발견하는 것이고, 그것을 다른 배경에 적용하는 것을 알기 시작했다."144)라고 했다.

오직 설계는 실질적인 완성을 통해서만, 인간은 그것을 이해하기 시작한다. 설계전공학생들은 실제로 그들의 설계를 완성시켜 본적이 없기 때문에, 그리고 가끔 현실세계 관심사들과 분리되어 있기 때문에, 그들은 구체적인 경험을 갈망한다. 법과 의학을 포함하는 다른 분야에서, 지도 받는 현장실습은 교육의 한 부분이다. 이런 분야에서, 학문 제이론과 실제 실무를 연결하고 서로 보완한다. 현장실습은 보다 주의력을 가져야 할 가치가 있는 이슈들에 관해 주의를 집중시키는 방법이다. 실제로 생태설계에서 선구자적 작업의 많은 부분이 the Farallones Institute와 the New Alchemy Institute와 같이 설립된 설계학교들과 비영리교육과 연구센터를 통해 현장 중심수업과 함께 이루어졌다.

---

143) Stewart Brand, *How Buildings Learn: What Happens After They're Built* (New York: Viking, 1994), 215.

144) Thomas Fisher, "Can This Profession Be Saved?" *Progressive Architecture 75*, no.2 (February 1994): 84.

지속 가능한 설계의 지도자인 도날드 왓슨(Donald Watson)은 학교와 전문분야 사이의 협동을 위한 수많은 직접관련이 있는 당면한 기회요소들을 제안한다:

• 건물에 대한 사례연구들과 이용 후 평가
간단한 평가방법을 이용하여 팀들은 실제로 특별한 환경들과 건물들이 기능하는 방법에 관한 사례연구평가를 수행할 수 있었다.

• 현상설계
현상설계는 새로운 개념에 대한 대중과 전문가 인식을 자극시킨다. 캘리포니아에서 새로운 에너지 효율적 생태건물 현상설계는 건축가를 교육시켰으며, 스튜디오 프로젝트로서 이용되었다. 세 명의 학생과 교수로 이루어진 팀들이 최고수상자 중에 있었다.

• 지역사회 워크숍
지역사회 설계워크숍—때때로 토론회(Charettes)라고 불렸다—지역사회 설계이슈들에서 대중을 참여시키는 효과적인 방법이며 그리고 새로운 전략들에 대한 그들의 이해를 향상시키는 효과적인 방법이다.[145]

다른 가능성은 기존 학제 내에서 새로운 생태설계 학습법을 창조하는 것이다. 캠퍼스의 생태설계센터는 명백히 우리가 직면하고 있는 대규모 사회와 환경위기를 소개할 것이다. 실제 설계 프로젝트를 통하여 학생들은 보다 폭 넓은 지역사회와 함께 일하는 것을 배울 것이며, 그리고 기초적인 생태적 교육을 습득할 것이다. 이리하여 우리 자신의 뒷마당에서 복

145) Donald Watson, "Agenda 2000: A Proposal for Leadership by the Design Profession," *Symposium on Sustainable Strategies for Communities and Building Materials*.
Sim Van der Ryn and Murray Silverstein, *Dorms at Berkeley: An Environmental Analysis* (Berkeley: Univ. of California, Center for Planning and Development Research, 1967).

잡하고, 다학제적인 문제들에 효과적으로 대응하는 가치 있는 습관을 얻을 것이다. 데이비드 더블유 오르(David W. Orr)는 그런 센터가 수행할 수 있는 전형적인 프로젝트들에 대한 목록을 다음과 같이 제공한다.

- 이용자에 의해 발생된 모든 쓰레기, 국지적으로 이용 가능한 것으로 구성되며 환경적으로 좋은 재료들을 재활용하여 외부에너지 자원이 없는 건물설계
- 건물재료들의 생물지역 자료목록의 개발
- 캠퍼스 자원흐름들에 대한 조사
- 캠퍼스 내 또는 가까이에 있는 환경 질이 저하된 생태계에 대한 복원
- 작은 투입, 지속가능한 농장체계에 대한 설계
- 지역경제에서 자원과 달러 흐름에 대한 경제적 조사
- 캠퍼스 폐수에 대한 살아있는 기계장치의 설계[146)]

우리는 각각의 역할이 일상생활로부터 격리된 예술가 또는 기술자로서 설계자를 보는 것에 익숙하다. 건축가 린다 그로우트(Linda Groat)는 생태설계와 보다 밀접한 세 번째 가능성을 제안한다.

> *경작자*란 용어는 라틴어 문화에서 파생된다. 이 말의 동시대적 의미는 토지에 대한 보육뿐만 아니라 인간정신과 감성에 대한 관리와 훈련을 포함한다. 이리하여 예술가로서 건축가는 사회에 격리되거나 반대의 입장인 반면에 경작자는 완전히 참여된다. 기술자로서 건축가는 사회와 물리적 힘에 대한 권력과 자율성에 반응한다. 경작자는 "개인의 한계를 초월한 상호작용에 의해 고무되는 그리고 인간화된 살아있는 행동과 인공물에서 표현되고 구

146) David W. Orr, *Earth in Mind* (Washington, D.C.: Island Press, 1994), 110-11.

현하기 위해 동기화된 우주적으로 뿌리 깊은 지성에서 인간적 관점"을 소유한다.[147)]

이런 생생한 생각에서, 설계자는 의식적으로 생태설계지능을 위해 공통된 기반을 기른다. 설계는 라틴어 de signare에서 파생되었으며, 그것은 구도하고, 정의하고, 보여주다의 의미이다. 가끔 이런 구분, 정의, 보여줌은 *내포*라기보다는 *배제*의 목적을 위한 것이다. 생태설계는 설계 그 자체가 우리 주변의 일상생활을 가지는 것으로 주입함으로써, 우리들로 하여금 모든 목소리를 다시 듣는 내포적 통합으로 다시 돌아가기를 요구한다.

지역사회 설계

우리가 살펴본 것과 같이, 설계지능육성은 일단 설계교육이 그것의 관심 목록으로 실제장소들과 덧붙여서 생태학과 지역사회에 의해 제공된 도전들에 대응하는 외부세계에 다시 스며들 수 있게 되기를 요구한다. 그것은 또한 설계는 너무나 중요하기에 설계자들에게만 맡겨 놓을 수 없다는 인식을 요구한다. 설계는 중립이 아니다. 강력한 정치적, 경제적 힘들에 의해 주조된다. 보다 광범위한 지지층에, 설계에 대한 방법, 생산물 그리고 조직을 개방하는 것은 오래된 이야기이다.

생태설계 문헌은 모든 단위의 규모에서 설계결정을 형성하기 위한 기본토대를 제공한다. 소읍이 값비싼 재래적인 오수처리공장에 투자해야 하는가? 또는 인공습지를 고려해야 하는가? 자신의 집을 위해서 어떤 종류의

147) Linda Groat, "Architecture's Resistance to Diversity: A Matter of Theory as Much as Practice," *Journal of Architectural Education* 47, no. 1 (September 1993): 8–9.

목재를 사용해야 하는가? 어떤 종류의 도시성장 정책이 도시를 구하겠는가? 이러한 질문들은 전문가들이 결정하는데 있어서 중요한 역할을 가지나, 최종 선택은 보다 광범위한 문화와 각 해결책에 대한 생태적 맥락을 고려하는 의사결정과정에 달려 있다.

지역사회 규모에서 생태설계는 민주정치에서 실험대상이다. 다니엘 켐미스(Daniel Kemmis)는 몬타나주의 Missoula 시의 시장인데, 몇 년 전, 그의 도시를 분열시키는 이슈에 대해 글을 썼다. 넓은 산골짜기에 위치하고 있는 Missoula 시는 가끔 겨울동안 기온 역전층이 형성되기 쉽다. 이들 층은 허용할 수 없는 수준의 입자를 생산한 수천 개의 목재 난로로부터 발생한 연기를 잡고 있다. 이 경우, 재생 가능한 지방자원인 목재는 공유된 일정지역의 대기에 피해를 일으킨다. 어떤 시민들은 목재연소를 금지하기를 원하는 견해를 피력하면서; 다른 시민들은 개인 권리의 하나로서 이슈를 고찰하면서, "당신은 내가 산림에 갈 수 없고, 내가 스스로 나무를 자를 수 없고, 그것을 집으로 가지고 올 수 없고, 내 스스로 거실 난로에 그것을 태울 수 없는 사실을 나에게 말하려고 하는 것을 의미한다."는 것에 대해 말했다.[148)]

이것이 판명되었을 때, 도시는 새로운 방법으로 목재 연소를 허용하는 쪽을 선택하였다. 지방조례는 "깨끗한 연소 난로를 제조하는데 유리하게 참여하는, 또는 그들에게 깨끗하게 연소하기 위해 목재 덩어리를 압축하는, 또는 산업적 혹은 제도적 고객으로 하여금 이들 목재덩어리를 연소할 수 있게 하는 난로부품에 참여하는 여러 기업들의 설립"을 권유했다.[149)]

148) Daniel Kemmis, *Community and the Politics of Place* (Norman: Univ. of Oklahoma Press, 1990), 90.

149) Ibid., 91–2.

이런 지역사회 설계과정에서 모든 사람은 보통 일정지역의 대기와 목재스토브의 복잡함을 관리하면서, 보다 중요한 것은 지역사회는 보다 더 많은 노력들의 전례를 만들면서 의사소통과 협동으로 오염에 관하여 보다 많이 배운다.

윌리엄 모리쉬(William Morrish)는 미네소타 대학교 미국 도시경관을 위한 설계센터장인데, 홍수방지, 도시재개발, 생태적 복원의 이슈들에 대해, 많은 지역사회 사람들과 함께 일했다. 그는 모든 사람들과— 전문가든 아니든— 사진을 찍거나 메모를 하면서 지방시민들과 함께 여행한다. 그는 반드시 그 지방의 국지적 지식에 대해 잘 알기 위하여 읍민의 말을 수없이 들었다. 그러므로 그것은 설계과정에 큰 가치를 가지는 것이다.150)

환경영향은 개인에게 한정되는 것이 드물기 때문에, 그런 영향들에 대한 감소는 공유지가 재생되거나 다시 태어나기를 요구한다. Missoula 시의 경우에서, 개인이 난로에 목재를 태우는 것과 같은 개인적인 이슈가 일정지역 대기의 공유지 내에 작용함으로써 결국 경감될 수 있는 대규모 효과를 가지는 것으로 판명되었다. 또 다른 경우에, 유역, 늪지, 또는 고래의 이주경로는 적절한 공유지를 구성해야 할 것이다.

공유지 내의 잃어버린 지방의 목소리로부터 생존과 재생의 이야기, 전체 지역사회의 맥락에서 합당한 설계의 실마리가 나타날 것이다. 생태설계는 전형적으로 수 년 또는 수십 년 동안 전래되기 때문에, 그들은 그들의 미래관리에 대한 소망들과 공진화하는 피할 수 없는 긴요한 것이다. 그것은 인간이 새로 건설한 마천루 또는 집에서 도망치듯이, 살아있는 체계

150) 미네소타대학교 조경과 건축대학의 미국 도시경관설계 연구소 출판물 참조.

로부터 단순히 도망하는 것은 불가능하다. 생태설계의 완전한 복잡성과 섬세함은 장소에 대한 직접적 경험들에 대한 세심한 참여를 요구한다.

효과적인 생태설계를 위해 요구된 일종의 종합적인 사고와 행동은 모든 연령의 사람들 사이에 널리 보급되었다. 캘리포니아 주, San Anselmo에 있는 San Domenico 학교 생태설계 연구소는 유치원과 12학년을 통하여 생태설계 커리큘럼을 실천하기 위하여 일하고 있다. 커리큘럼은 재래적인 범위들을 초월하는 직접적인 문제해결을 강조한다. 케이티 랑스타프(Katy Langstaff), 그 프로젝트 조정자는 다음과 같은 글을 썼다. "오늘날 젊은이는 (상호관계를 고려하지 않고) 구분된 커리큘럼이 그들을 교육할 수 있는 것을 초월한 복잡성의 세계를 물려받았다. 내일의 경력자들은 총체적인 사고, 문제해결 그리고 윤리를 요구할 것이다."151) 세 가지 축척의 규모에서—유역, 캠퍼스, 현지 내 정원—학생들과 공부하면서 그 프로젝트는 장소에 대한 인식과 설계의 중요성에 대한 이해와 인식을 기르기를 시도하고 있다.

뉴욕 시 북부의 브롱크스(Bronx) 167번지에 있는 중학교에서, 학생들에게 브롱크스 강에 면하고 학교에 인접한 작은 조각의 초원과 습지를 이용하는 실제 복원 프로젝트 참여를 통하여 생물학, 생태학, 화학을 배울 수 있는 기회가 주어졌다. 그들 자신들이 살고 있는 장소에 대한 이러한 참여는 생태설계에서 훌륭한 교육을 제공한다. 선생님들 중 한 분이 다음과 같이 상기했다:

각각의 수업은 참여한 많은 젊은이의 호기심을 근간으로 한 흥미와 에너지

151) Katy Langstaff 지속가능한 산 도미니코 계획, 생태설계 연구소, 1994.

의 연속적인 흐름이었다. 식재, 멀칭, 관수는 모험이 되었다. 행위와 관찰을 통하여 많은 질문들이 제기되었다. 학생들은 우리가 발견한 강, 곤충, 뱀, 달팽이, 그리고 거북이알과 모래, 양토질 제방과 우리가 심은 허브, 관목, 교목 사이의 일체감에 관하여 재빨리 배웠다.
우리 프로젝트는 또한 다양한 인종 배경을 가진 6학년 사이에 리더십과 의사전달능력을 개발하는데 도움을 주었다. 몇몇 친구는 모국에서 농업경험으로부터 얻은 원예기술을 알고 있었다. 경관복원, 과거사, 옮겨진 문화들을 결합하는 노력은 남브롱크스의 새로운 세계인 여기에 뿌리를 내리기 시작했다.[152)]

이들 사례들은 모든 사람들이 설계과정에 참여할 수 있음을 보여준다. 이론적인 지식, 매뉴얼 기술, 의사소통의 다양하게 얽힌 그런 참여는 지속가능성에 대한 문화적 핵심이다.

설계과정을 개방하는 또 다른 강력한 방법은 지역사회가 쉽게 반응할 수 있는 일련의 지표를 설정하는 것이다. 마치 건조한 저수지가 물의 저장에 관한 직접적이고 명백한 정보를 제공하는 것 같이, 혹은 건물 신축부지의 자금조달 온도계가 프로젝트가 어떻게 진행되고 있는 것을 우리에게 말하는 것과 같이, 우리는 에너지 또는 물이용의 현재 수준들을 보여주는, 시청 가까이에 전시된 두드러진 미터들을 상상할 수 있을 것이다. 잘 선택된 지표들은 지역사회가 직면하는 이슈들의 공통인식을 형성하도록 도울 것이다. 그들은 우리에게 우리 자신 행위들을 평가하는 방법과 그들의 보다 폭넓은 관련사항을 이해하는 방법을 우리에게 줄 수 있다. 연어와 같은 *지표종*이 생태계의 건강을 표시하는 것처럼, 지속가능성을 위한 지표들은

152) Diana Hernandez, "Restoration through Education/Education through Restoration," *Restoration and Management Notes* 10, no. 1 (summer 1992): 16.

인간 지역사회의 건강성을 보고한다.

환경지표를 개발하는 민중 프로젝트인 지속가능한 시애틀에 따르면, 좋은 지표들은 다음 4가지 모습을 공유한다. 그들은 "지속가능성의 선도형 시험이며, 그들은 지역사회에 의해 이해될 수 있고 수용될 수 있다. 또한 지방미디어에 의한 이용을 위해 흥미와 호소력을 가진다. 그리고 통계적으로 측정할 수 있다."[153] 그 프로젝트는 지속가능한 시애틀을 위해 40 지표를 선정하였다. 그리고 기술, 정의, 해석, 평가, 다른 지표들과의 연결, 경향들에 대한 도표제시와 함께 각각을 조심스럽게 서술하는 과정에 있다.

한 프로젝트 보고서에서, "이들 지표들이 지속가능성에 대해 과학적으로 테스트된, 정제된 모형으로부터 도출된 것이 아닌 한편, (왜냐하면 그런 모형들은 발견되지 않았다), 그들은 임의적이지도 않으며, 지식과 통찰력을 소유한 사람들과의 대화를 통하여 발견되었다."[154] 지표들은 거대한 환경압력들에 직면하고 있는 도시 유형의 지속가능성을 형성하는 문제를 거칠게 자른 단면으로 여겨진다. 프로젝트의 지표들 중 다음 선택된 10개가 과정에 대한 경험을 준다. 지속가능성으로 향해 이동하는 지표들은 +, 그리고 반대로 이동하는 것은 − 로 표시한다.

환경

- 야생연어가 지방하천으로 움직인다 −
- 보행자 친환경적인 지침에 대처한 시애틀 거리의 % +

153) 지속가능한 시애틀 지표 사업의 팜플렛, 1993.

154) Ibid.

인구와 자원들

- King 군의 전체인구 −
- 매년 1인당 고형폐기물 발생과 재활용 톤수 −

경제

- 최고 10순위 고용자에 집중된 고용 % +
- 빈곤층 어린이 % −
- 적절한 주거를 가질 수 있는 시민 % −

문화와 사회

- 청소년 범죄율 −
- 지역사회 봉사에서 젊은이가 참여하는 % +
- 예술에 참여 +

지속가능한 시애틀 지표들은, 예전의 외부와 단절된 배타적인 도시계획가들, 고형쓰레기 책임자들, 경제학자들, 기타 전문가들이 참가한 의사결정과정에 일반시민들이 참가하는 것을 도우면서, 그 도시에 직면한 특정한 기회요소와 문제 속에서의 지속가능성에 기반을 둔다. 도시는 현재 도시 내에 각각의 근린주구에 전담 근린주구 계획가를 제공하고 있다. 그리고 지표들은 지방계획과정들에 중요한 역할을 한다.

지역사회 지속가능성 지표들의 개념은 쉽게 지역사회 지속가능성 계획으로 확대될 수 있다. 그것은 가끔 지역사회 회원들이 그들이 신망하는 설계전문가와 함께 결합하여 일련의 *토론회* 또는 집중적인 설계워크숍을 가지고 계획과정을 시작하는 것이 유용하다. 토론회에서, 참석자들은 라벨을 전달받았으며, 사실(what), 목표(why) 또는 해결책(how)이 적힌 카드를 설명하도록 지시 받았다. 사실은 지역사회에 관한 상세한 정보를 제공한다: 예를 들면, "Fox Creek는 3년에 1번은 범람한다." 목적들은 중요한 소망을 나타낸다: "도심은 재활성화 되어야 한다." 해결책은 가능한 설계 개입이다: "개발에 의해 위협받는 농장들을 보호하기 위하여 새로운 유형의 농업지역을 조성하라" 카드들이 벽에 핀으로 꽂혀질 때, 단체들은 중요한 것으로 카드들을 재배열하면서 중요한 집단과 유형을 식별하기 시작할 수 있다. 카드 벽은 공유된 문제들에 관해 변할 수 있는 지도, 사람들의 신념, 지각 그리고 생각들에 대한 공감대를 도출한다. 그것은 그것이 고찰될 수 있고, 비판될 수 있고, 첨가될 수 있는, 접근할 수 있는 장소에서 놓여질 수 있을 때, 가장 잘 이루어질 수 있을 것이다.

다른 방법들도 마찬가지로 효과적이다. 사람들은 특별한 문화적, 생태적 또는 경제적 관심이 있는 장소에 라벨을 붙이면서 지역사회의 지도그리기를 요구할 수 있다. 식생, 지질, 수문, 토양, 도로, 토지이용, 토지경계선 그리고 기타에 대한 지리정보의 층들이 아세테이트지에 인쇄될 수 있다. 그 다음에 참여자들은 색다른 지도를 만들기 위해 이들 아세테이트지에 색채, 중첩, 명칭을 붙일 수 있다. 컴퓨터화 지리정보체계들(GIS)은 심지어 이들 작업을 보다 정확히 수행하는데 이용될 수 있고, 광역 동선을 위하여 아주 정교한 지도를 만드는데 이용될 수 있다. 예를 들면, 도우그 아벌리(Doug Aberley)가 보고하는데, 캐나다 British Columbia 주의 북서부 Nisga의 사람들은 "현재의 기술수준을 나타내는 GIS 컴퓨터 소프트웨어를 구매하여, 통치권을 방어하기 위하여 그들 영역에 대한 인공위성 이미지들을 분석하고 있는데, 이것이 국지적으로 통제된 산림, 어장,

다른 자원들에 대한 관리에 도움을 준다."[155] *Cultural Survival Quarterly*의 흥미 있는 최근 이슈는 세계 주변의 토착민에 의해 수행된 다른 지도화 노력들을 논의한다.[156]

이런 지방지식은 이들과 같은 질문에 대답하기 위한 충분히 풍부한 장소의 상세한 항목을 제공하기 위하여 어떤 기초적 생태적 수지와 결합될 수 있다:

- 우세한 토양 유형은 무엇인가? 이 지역에서 토양의 건강은 어떤가?
- 이 지역에서 멸종위기 종들이 있는가?
- 지방 산업으로부터 해로운 건강결과를 주는 것에 대한 증거가 있는가?
- 석유, 천연가스, 전력, 태양열에너지 그리고 목재연료를 얼마나 사용하는가?
- 얼마나 많은 음식이 이 지방에서 생산되었나? 어떤 유형? 이 음식 중 얼마나 많이 실제로 지방에서 이용되었나?
- 얼마나 많은 돈이 지역사회에 소비되었나? 얼마나 많은 돈이 지역사회를 떠났는가?
- 충분히 활용하지 않은 쓰레기가 있는가?

의미 있는 지표들 또는 특정한 목적들이 이런 항목으로부터, 그리고 그

155) Doug Aberley, "Eye Memory: The Inspiration of Aboriginal Mapping," in *Boundaries of Home: Mapping for Local Empowerment*, ed. Doug Aberley (Gabriola Island, British Columbia: New Society Publisher, 1993), 15. 이 책은 지역사회의 매핑에 관하여 특히 추천할 만한 입문서이다.

156) "Geomatics: Who Needs It?" *Cultural Survival Quarterly* 18, no. 4 (winter 1995).

것 자체의 토론회과정으로부터 드러난다. 만약 지역사회가 겨울 난방 요구를 위해 석유에 지나치게 의존한다면, 그것은 이런 사용에서 감소에 대한 어떤 수준을 목적으로 삼을 것이다. 만약 지역사회가 독성화학제로부터 심각한 건강위험에 직면한다면, 제일 먼저 이런 이슈를 올릴 것이다. 지역사회 지속가능성 계획은 점진적인 과정이다. 장소를 유지하기 위한 에너지, 물질, 돈 그리고 정보의 흐름에 대한 점차적으로 증가하는 인식이 지역사회에 가져다 줄 것이다. 이것은 학교어린이들로부터 사업가와 예술가에 이르기까지 광범위한 이해당사자들의 능동적인 참여로서만 이루어질 수 있다.

지역사회 지속가능성 계획과정에서, 모든 사람은 설계자이다. 모든 사람은 교통, 건물, 물, 에너지, 음식 그리고 쓰레기에 관한 결정을 한다. 이들 설계결정들은 전체 지역사회의 건강을 위해 깊은 관련을 가지기 때문에 그들은 폭넓게 참여하는 방법으로 이루어지는 것이 가장 좋다. 이것은 모든 사람들이 능숙한 건설가 또는 유능한 생태적 기술자가 될 수 있다는 것을 제안하는 것이 아니다. 그렇지만, 우리는 우리가 우리의 장소들을 형성하는데 참여하도록 허용하는 모든 기본적인 설계소양을 소유할 수 있다.

생태설계는 다양한 설계전문분야의 고립을 헤치고 나갈 수 있다. 우리 지역사회와 지역을 지속가능하게 형성하는 작업은 그것을 수행한 모든 사람을 위한 풍부한 커리큘럼을 제공한다. 웨스 잭슨(Wes Jackson)이 말하듯이, 이런 작업은 "귀향"에서 주요 요점을 제공한다. 그것은 꼭 매력적인 것은 아니지만, 그것은 지역사회의 실생활에 너무나 중요하기 때문에 전문설계자와 다른 전문가에게만 맡게 하기에는 너무 중요하다.

자연을 보이게 하라

- 제5원리

자연과 분리된 환경은 학습을 위한 우리의 요구와 우리의 잠재력을 무시한다. 자연적 순환과 과정을 볼 수 있게 하는 것은 설계된 환경을 생명으로 되돌리는 것이다. 효과적인 설계는 우리에게 자연 내에서 우리 장소에 대해 알려주는데 도움을 준다.

심(Sim) 교수는 특별한 테스트로 그의 건축학과 대학생들을 놀라게 하곤 했다. 양식, 건물법규 또한 도면기법에 관한 것이 아니라 테스트는 자신의 집에서 일어나는 과정들에 대한 지식에 관한 것이었다. 당신이 마시는 물이 어떻게 당신의 부엌싱크에 도착하는가? 달이 다 찰 때까지 며칠이 남았는가? 당신이 서 있는 장소는 어떤 토양층인가? 겨울비는 일반적으로 어느 방향으로부터 당신의 지역에 오는가?157) 현재의 건축이론 또는 컴퓨터응용설계에 관한 최신 지식을 일상적으로 과시하는 대학생들은 테스트에 의해 압도당했다. 그것은 일종의 다른 지식을 요구했다. 결국, 소수의 대학생들만 정답 10개 중 3개 이상 즉시 대답하였다.

157) Leonard Charles et al., "Bioregional Quiz," *Coevolutionary Quarterly*, no. 32 (winter 1981): 1.

우리의 환경들은—그들이 무질서하게 퍼져가는 산책길들 또는 야생 강들이든지—우리가 가진 가장 강력한 선생님들이다. 자연과 분리된 장소에서는, 비솝소나무 또는 거슬러 수영하는 연어를 위한 여유 공간이 부족한, 자연과 분리적인 상상을 하기 쉽다. 로빈 그로씽거(Robin Grossinger)는, 한 세기 동안 "우리는 원 경관을 파괴했을 뿐만 아니라 그것이 이전에 보였던 것을 기억하는 총체적인 능력을 거의 잃어버렸다."라고 적었다.[158] 우리는 샛강들을 지하 수로화 하였으며, 습지를 포장하였고, 한때 젊은 정신을 번성시킨 농장, 과수원 그리고 초원에다 건물을 지었다. 우리는 자연과 우리 자신 기술들의 결과물을 볼 수 없게 하였다.

멍청한 설계는 우리를 위해 복합 인식론적 함정을 설정했다. 우리들 중 많은 사람들은 생태적 그리고 기술적 과정들 둘 다 일상 인식으로부터 숨겨진 도시에서 생활한다. 설계된 환경은 우리에게 기술이 어떻게 우리를 지원하고, 차례로 그것이 자연세계와 어떻게 연결되는지 우리에게 보여주지 않는다. 우리의 근무일들은 요소들로부터 봉해진 현대건물들에서 보내진다. 가끔 우리는 창문도 열 수 없다. 그들 설계는 우리에게 방향, 기후, 태양위치, 또는 계절변화에 관한 실마리를 주지 않는다. 연료, 전기, 그리고 물을 가져오는 관들과 전선들이 시야로부터 감추어진다. 밤 동안 음식이 도착하고 쓰레기는 수거되고 모든 것은 눈에 보이지 않는다. 우리는 매년 일반 차에서부터 쏟아져 나오는 수 톤의 이산화탄소는 보지 않는다. 우리는 음식 또는 물 속에 있는 독성 혼합물을 맛보지 않는다.

우리는 일종의 "사라진" 환경으로부터 무엇을 배우는가? 보이지 않는 장소에서 살고 일하는 것이 보편적일 때, 우리는 문자 그대로 자연으로부

158) Robin Grossinger, "The Land Beneath the City," *Annuals of Earth* 12, no. 2 (1994): 24.

터 우리의 어떤 감수성을 잃어버린다는 것은 의심할 바 없다. 설계된 장소의 매일 경험을 통하여, 우리는 무관심을 배운다. 우리로 하여금 우리 주변의 환경을 위해 돌보도록 격려하도록 설계된 곳은 많지 않다.

여기서 활동하는 데는 치명적인 순환이 있다. 음식, 물, 에너지, 쓰레기 그리고 오수에 대한 우리의 체계는 심지어 보다 많이 복잡하게 얽혀있고 감추어져서 성장함에 따라, 그들을 이해하는데, 또는 의문을 갖기가 보다 어렵게 되었다. 자연이 우리의 일상생활로부터 멀어질 때, 그것은 우리의 윤리로부터 멀어진다.

지금 우리는 이런 파괴적인 순환을 재생적인 것으로 변화시키는 작업을 천천히 시작하고 있다. 자연을 다시 볼 수 있게, 감추지 않는, 그리고 감추어진 결과물을 소유하지 않는 기술을 지지함으로써, 우리의 상상은 다시 자연을 감싼다. 우리는 수로화된 샛강이 숲과 굽이치는 제방으로 되돌아가기를 열망한다; 우리는 독성생산물을 사는 것을 더 이상 만족하지 않는다; 우리는 새로운 방식으로 행동한다.

설계는 의식을 변화시킨다. 장소로부터 길러지고, 장소를 축하하는 설계들은 우리를 장소에 정착하게 한다. 자연과 파트너십으로 일하는 설계들은 우리가 같은 방법으로 할 잠재적 희망을 분명히 한다. 우리의 지속적인 참여와 참가를 요청하는 설계들은 우리에게 매일매일 새로운 가르침을 제공한다. 생태설계는 우리에게 바람과 비의 유형, 우리 음식의 근원, 물질의 생애주기를 다시 일깨우며 우리에게 보다 폭넓은 생활지역사회로 되돌아가게 한다. 그것은 우리를 지속시키는 바로 그 흐름을 설명한다. 그런 배움은 모든 것 중에서 가장 중요하다.

만약 인공 환경이 강력한 침묵의 선생이라면, 우리는 사람들이 그것으로부터 얻는 메시지를 변화시킬 수 있다. 그것은 고유한 그들 장소와 생태적 과정들이 보다 풍부하게 정보를 받을 수 있도록 재설계될 수 있다. 예를 들어, 베이트선(Bateson) 건물에서, 심(Sim) 교수와 그의 대학동료들은 자연에너지흐름을 가지고 설계함으로써, 그들은 빛과 기후의 리듬을 알게 되었다는 것을 알았다. 우리는 일정하고 변화 없는 온도 또는 빛 수준에서 살거나 일하는데 순응되지 않는다. 우리는 주변에서 차이와 미묘한 순환들을 경험할 때, 가장 활기를 얻는다. 이런 논리에 의해, 건물은 그것 자체가 그레고리 베이트선(Gregory Bateson)의 말에 의하면, 모든 생활을 부양하는 자연 순환에 대한 인식을 끊임없이 조율하면서, 기후, 계절, 태양, 그리고 음영의 변화와 흐름과 "연결하는 유형"이 되어야 한다. 벽은 정적이며, 2차원적 건축요소가 아니고, 온도와 빛의 차이에 순응하는 살아 있는 피부이어야 한다. 에너지를 절약하는 건물을 설계하는 것은 자연에 민감한 건물을 설계하는 것을 의미한다. 그 결과는 인간에게 보다 좋은 건물이 된다.

우리가 요소들에 갇힌 방에서 생활하는 것 보다, 태양광선과 신선한 공기에 개방된 방에서보다 살아있다고 느끼는 것과 같이, 이 오 윌슨(E. O. Wilson)은 우리가 다양한 종들과 함께 접촉을 위한 본질적인 요구를 하는 것으로 추측한다. 이런 요구는, 그는 그것을 *생물애호*(*biophilia*)라고 부르는데, 우리는 자연 안에서 살고 그리고 순응하기 위해 설계되었다고 생각하게 한다. 생물애호는 "응집력과 성취적인 존재를 위한 많은 인간탐구가 자연과의 관계성에 밀접하게 의존한다."159)고 가정한다. 생태설계는

159) Stephen R. Kellert, "The Biological Basis for Human Values of Nature," in *The Biophilia Hypothesis*, ed. Stephen R. Kellert and Edward O. Wilson (Washington, D.C.: Island Press, 1993), 43.

자연 과정들과 상호작용에 대한 기본적인 인식을 심지어 도시환경으로 가져감으로써 이런 요구에 적응한다. 그것은 가정에서부터 근린주구 그리고 도시 전체에 이르는 스케일의 수준에서 자연과정을 볼 수 있고 활동적이도록 만든다.

TV 자연관계 방송물, 가상현실, 책들은 자연환경으로부터 실시간 학습을 대체할 수 없다. 창조적인 설계자들의 어떤 연구는 그들 중의 많은 사람은 근린주구의 텅 빈 공간에서 놀면서 어린 시절동안 많은 시간을 보낸 것을 보여 주었다. 여기서 모두 역시 조심스럽게 설계된 질서에서부터 벗어나서 그들은 남은 공간, 잡초들, 곤충, 그리고 손질하지 않은 계절의 순환을 경험할 수 있었다. 여기서 그들은 자연을 관찰하고 꿈을 꾸는 공간을 가졌다.

우리의 자연 격리형 도시들은 생물애호에 대한 충동을 억누른다. 우리는 심지어 새로운 도시질병의 출현을 볼 것이다. 정신과 의사 친구는 이것을 *이코노이아*(*econoia*) 또는 생물의 공포라고 부른다. 어느 날, 도시여성이 Farallones Rural Center 학생으로 왔다. 이 센터의 주민들은 퇴비화 옥외변소를 이용했고, 그들 자신의 식량을 키웠고, 그리고 태양열 오두막집에서 살았다. 매일 그녀는 잠시 동안 사라지는 것 같았고, 가끔 식사를 하지 않았다. 몇 주 후, 그녀는 그녀의 부재에 대해 질문을 받았을 때, 그녀는 매일 주유소의 수세식 변소를 사용하기 위하여, 그리고 패키지 식품을 사기 위하여, 도시로 운전했다고 설명했다. 우리가 살았던 방식이 그녀에게는 "자연스럽지 않았다."

역시 가끔 자연세계는 대문자 "N"을 가진 자연에 있고, 먼 산맥, 열대우림, 바다의 심연에 있는 먼 곳으로 생각했다. 이것은 우리 행동이 광범위하게 영향을 미치는 결과의 고려 없이 수행될 수 있다고, 우리를 쉽게 믿도록 하였다. 자연이 일상생활 속으로 되돌아와서 구성될 때, 인공세계와 야생자연세계 사이의 파괴적인 이분법이 깨어진다. 그것은 우리로 하여금 심지어 도시에 나타나는 생태적 과정들과 생물학적 다양성을 일깨워준다. 바로 가까이에 접한 자연의 종류는— 일종의 소문자 "n" 자연— 문화를 보급하는데 필요한 것이다.160)

우리가 생활의 중요하고 밀접한 부분으로서 유기적 과정에 참여할 때, 대문자 "N" 자연의 보다 큰 영역을 보호하기 위한 인식과 동기는 널리 퍼지고 엄청나게 큰 힘을 가질 것이다. 다른 한편, 만약 우리가 소문자 "n" 자연을 일상 환경으로 되돌려서 구성하는데 실패한다면, 대문자 "N" 자연은 TV 다큐멘터리에 한정된 확대 추상개념이 될 것이다. 생태설계는 우리로 하여금 자연 내에서 장소에 대한 인식을 변화시키면서 보다 폭넓은 자연 순환과 연결시킨다.

자연 과정들이 일반인 시야의 밖에서 설계되었던 것과 같은 방법으로 도시생활을 부양하는 기술은 숨겨졌다. 전형적으로 오수처리, 쓰레기 투기, 매장되지 않은 땅위 가스저장탱크, 도살장들, 그리고 전기발전과 송전소들은 도시의 가장 열악한 장소에 위치하고 있다. 심지어 풍력발전소들과 같은 좋은 기술들도 시각적 방해요소로 고려되었다. 우리는 깨끗한 에너지를 원하지만, 우리의 뒷마당은 아니다. 우리는 미래를 위해, 힘없는 사람들이 기술에 대한 비용을— 즉 환경오염이나 시각적 불편함 등— 참아

160) 소문자 "n"과 대문자 "N"의 자연구분은 Susan Oyama로부터 온 것이다. 우리는 이것을 다소 다른 개념으로 사용하였다. Susan Oyama, "The Conceptualization of Nature: Nature as Design," in *Gaia 2: Emergence: The New Science of Becoming*, ed. William Irwin Thompson (Hudson, N.Y.: Lindisfarne Press, 1991), 171–84.

주는 한도 내에서, 기술의 모든 혜택을 얻을 수 있다는 가정 하에 현재 살고 있다. 이것은 우리의 이상이 자연과 기술의 부적당한 부분이 제거된 이야기의 개정판을 이용하려고 하는 이상한 정신분열증을 나게 한다. 그것은 물론 부자 국민과 국가가 얻는 것이다: 자연과 기술의 그릇되고 불완전한 경험, 반면에 다른 사람들은 그 결과로 고통을 겪는다.

자연을 볼 수 있게 하는 것은 우리를 보다 넓은 생명공동체에 다시 알리는 방법이다. 그러나 그것은 또한 우리 행위들의 생태적 결과에 관하여 우리에게 알려 준다. 예를 들면, 재래적인 빗물배수관을 가지고 길을 따라 다양한 독성을 도중에 첨가하면서 물은 재빨리 지하 동맥으로 사라진다. 물은 감추어지고, 그리고 그런 것이 체계 그 자체의 영향들이다—하류의 강과 습지들의 오염, 변경된 수문, 그리고 감소된 지하수 재충전. 우리는 표면에서의 물 흐름을 West Davis Pond와 같이 배수연못 속으로 허용함으로써 볼 수 있고, 그리고 생태적으로 기능하는 배수체계를 만들 수 있다. 우리는 우수를 흡수하기 위하여 자연스펀지로서 협동하는 습지들과 하천코리도를 보전할 수 있다. 그런 설계에 관하여 반가운 것은 사람들이 물 흐름을 지켜보는 것이다. 빗속에서도 몰려나와 그 물 흐름을 지켜보기를 좋아하는 것이다.

이 모든 것은 문화, 자연, 설계사이의 잠재적 공생관계성에 관하여 사람을 명백하게 가르치는 새로운 일종의 미를 인공 환경을 위해 제안한다. 그들이 시각적으로 표현될 수 있고, 직접적으로 경험될 수 있을 때, 새로운 아이디어는 매우 빠르게 배울 수 있기 때문에 그것은 강력한 방법이다. 조경가 로버트 엘 셰이어 주니어(Robert L. Thayer, Jr.)는 이런 미학을 *시각생태학*(*visual ecology*)이라고 불렀다. 이런 방법은 다음과 같은 사항을 가능하게 하는 설계된 환경을 선호한다.

- 우리에게 볼 수 있게 도울 수 있는, 그리고 우리가 토지에 부여된 개념에 대해 더 많이 알게 될 수 있는
- 복잡한 자연과정을 볼 수 있고, 이해할 수 있게 할 수 있는
- 시야로부터 감추어진 채 남아 있는 체계와 과정들을 드러내게 할 수 있는
- 자연과의 우리의 인식되지 않은 관계를 강조할 수 있는[161)]

많은 예술가들은 자연과정을 극적으로 연출하기 위하여 창조적인 방법을 찾아내었다. 앤디 골드스워씨(Andy Goldsworthy)는 바람, 물 흐름, 쇠퇴, 다른 현상을 시각화하기 위하여 물, 돌, 낙엽, 나뭇가지 등의 단순한 재료를 가지고 작업한다. 그는 이런 방식으로 그 자신의 작업에 대해 다음과 같이 말한다. "이동, 변화, 빛, 성장과 쇠퇴는 나의 작업을 통하여 내가 구하려고 노력하는 에너지인 자연에 대한 활력의 근원이다. 나는 접촉의 충격, 장소의 저항, 재료들과 날씨, 그리고 나의 근원으로서 지구가 필요하다. 나는 표면 아래를 이해하기를 원한다. 내가 잎, 바위, 나뭇가지를 가지고 작업할 때, 이제 그것은 재료 자체의 본질이 아니다. 그것은 그것의 안과 주변, 생활과정 속에서 나타난 일부분이다. 내가 그것을 남겨놓을 때 이러한 과정들은 계속된다."[162)] 그의 작업은 살아있는 과정과 함

161) Robert L. Thayer, Jr., "Visual Ecology: Revitalizing the Aesthetics of Landscape Architecture," *Landscape* 20, no. 2 (1976): 37–43.

162) Andy Goldworthy, introduction to *Andy Goldworthy: A Collaboration with Nature* (New York: Harry N. Abrams, 1990).

께 하는 적극적인 참여이다.

이와 같이 비유되는 방식에서, 생태설계는 물과 에너지, 농업과 생산에 대한 우리 체계들을 존중하는 시각생태학에 연결되어 있다. 이런 유형의 시각생태학은 생태설계연구소의 현재 프로젝트인-the Real Goods Trading Company's Solar Living Center in Hopland, California의 하나에서 강조된다(그림 19~24). 대지는 농업용 범람지이며, 약 12 에이커로 구성된다. 프로그램은 생태적 기술을 위한 전시실, 지원설비들, 그리고 사람들에게 회사의 생산물과 그것의 생태적 해설에 관하여 함께 알리는 전시용 경관과 정원을 포함할 것이다.

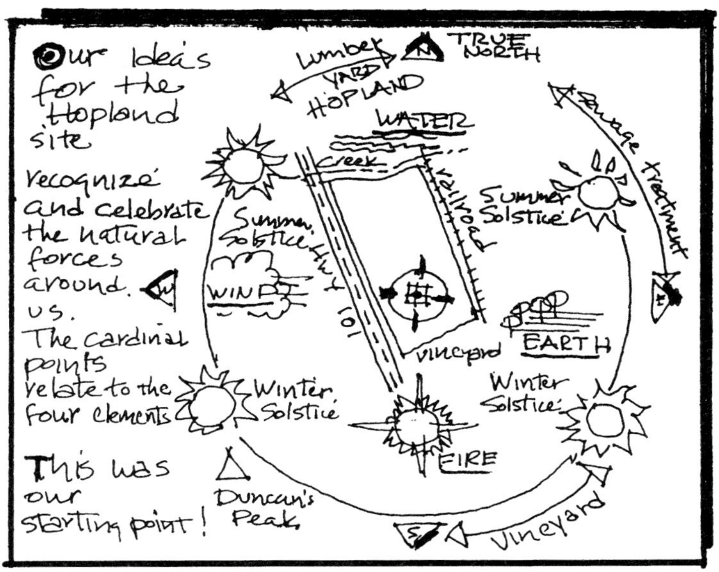

그림 19 • Real Good 태양 생활센터를 위한 부지분석 다이어그램

그림 20 • 전시실과 태양오아시스

그림 21 • 왼쪽에는 고속도로 그리고 사면과 조경공간을 보여주는 전시실

그림 22 • 범람원에 연못과 정원지역

그 대지와 프로그램 둘 다 자연과정을 볼 수 있게 하기 위한 강한 가능성을 제공한다. 대지의 한쪽 끝을 형성하는 막히고 훼손된 하천은 원래 천변 특성들을 반영하기 위하여 복원되었다. 인공 습지들, 연못들, 정원들이 범람원을 채운다. 조경설계는 지역에서 발견된 원래 다양한 식물군집사회를 모방한다. 식재계획이 공간적으로 계절과 관계되기 때문에, 그것은 태양의 일상과 계절통로에 위치를 확정하는 환경에 적응시키는 실마리를 제공한다. 부지 내 풍부한 대수층으로부터 재활용한 물이 설계에서 중요한 요소이다. 그것은 옥외공간을 위한 여름철 시원함, 배경소리를 완화시키는, 이어지는 방문객을 위한 생기 있는 통로를 제공한다. 단지계획은 식물, 동물, 사람을 위한 상당히 좋은 서식처가 되는 것으로 판단되는 추이대(ecotones)의 복잡한 상호구성이다.

그림 23 • Real Goods 태양생활센터의 조경설계

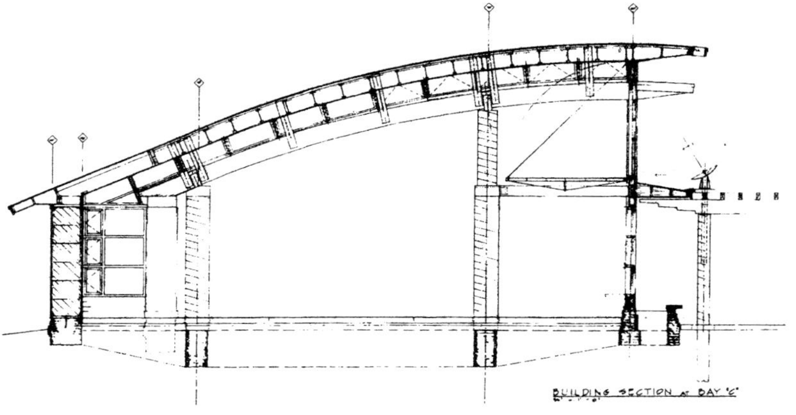

그림 24 • Real Goods 본부의 활시위형 단면도

건물재료는 심사숙고 후 채택되었다: 그것이 전체를 부양하는가? 그것이 재생가능한가? 그것의 생산에서 구체화된 에너지는 무엇인가? 이것의 제작에 관여된 노동의 실천은 수용가능한가? 그것이 적당한 가격인가? 먼저 솜 단열은 좋은 아이디어인 듯하다. 그러나 파운드마다 솜은 보다 많은 살충제를 이용하고, 보다 많은 토양과 하천을 훼손하고, 어느 작물보다 노동자에게 보다 많은 건강문제를 일으킨다. 검토를 통과한 재료들은 벽을 위해 이용된 벼 짚 가마니, 국지적으로 재생 목재와 무독성 접착제로부터 만들어진 아교로 붙인 박판 모양의 서까래, 그리고 다른 많은 재생 재료들을 포함한다.

설계과정의 부분으로서, 시설물의 축척 모형이 샌프란시스코 시에 있는 퍼시픽가스와 전기 퍼시픽 에너지 센터에 태양광모사체(heliodon)에서 만들어졌고, 테스트 했다. 그 heliodon은 설계자가 자연광선과 태양열 획득을 연구하도록 허용하면서 어떤 시간 또는 위치에 적합한 태양통로를 시뮬레이션 한다. 설계팀은 그것이 건물 내 사람에게 보이는 것처럼 태양통로의 저속촬영으로 연속 기록하는 비디오테이프를 만들었다. 비디오가 Real Goods 회장 존 쉐퍼(John Shaeffer)에 보여질 때, 그는 감탄하여 다음과 같이 소리쳤다. "우리 직원은 그곳에서 일출을 경험하기 위하여, 일을 시작하기 위해 아침 5시 30분에 줄을 설 것이다." 남쪽에 면한 건물은 아침태양을 높은 채광창으로 흐르도록 허용하면서, 그것이 서에서 동으로 이동하는 것과 같이 부분적으로 (계단으로) 내려간다. 곡선 지붕 형태는 균등하게 일광이 분배되도록 설계된다. 건물과 경관의 복합적인 배치는 빛과 음영의 역할과 많은 요소들의 일정방향으로 향하기를 통하여, 사람들에게 태양통로를 끊임없이 기억나도록 설계되었다.

Real Goods 프로젝트에서, 모든 요소들은—건축형태, 건물재료, 생태적 복원 노력들, 물, 조경, 통로, 공공장소들—지속가능성에 있어서 미묘하고 계속되는 교훈을 제공한다. 심지어 입구타일은 재활용한 태양전지로 만들어진다. 다른 효과적인 생태설계와 같이, 그것은 매년 우리에게 계속적으로 가르치게 될 움직이는 과정들에 장착된다.

생태설계는 자연을 볼 수 있게 함으로써, 인식을 변화시켰다. 생태적으로 설계된 건물 또는 환경과 함께 시간을 보내면서, "인간은 가일층 과정들, 유형들, 관계성에 대해 알게 된다."163) 최상에서, 생태설계는 우리를 생활과 장소의 리듬으로 연결시키는 유형에 대한 구체적인 증거를 제공한다. 그것은 보다 넓은 자연세계로 속하는 것에 대한 우리 의식을 일깨워준

---

163) John Todd and Nancy Jack Todd, *Tomorrow Is Our Permanent Address: The Search for an Ecological Science of Design as Embodied in the Bioshelter* (New York: Harper & Row, 1980), 151.

다. 궁극적으로 그것은 우리를 집으로 인도한다.

인류사의 모든 위대한 시기는 그들 문화에 대한 인간의 경험을 표현하며, 번성시키며, 기를 주고 강하게 결속시키는 랜드마크적 설계의 동시대 개발과 연결되어 있다. 초기 농업제국은 공간의 배열을 그들의 우주론과 사회조직에 대한 복잡한 위계를 반영하는 의식을 행하는 성스러운 장소로 건설했다. 유럽의 중세시대에서, 대성당은 – 풍부와 복잡한 응집력을 가진 – 모든 것을 망라하는 기독교의 진수와 정신을 구현했다. 위대한 도시의 공공광장은 새로운 과학적, 기업적인 감성으로 기념물을 줄지어 서게 한 플로렌스의 대담성 없이 르네상스 정신을 상상하는 것은 불가능하다. 산업시대의 여명기에는 조셉 팩스톤(Joseph Paxton)의 수정궁에서부터 위대한 증기열차에 이르기까지 그것 자신의 미학을 창조했다.

창조의 꿈을 구현하고 반영하는 것은 설계 개념에 있어서 핵심이다. 만약 도시가 자연을 공원과 오픈 스페이스로 분류한다면, 그것은 자연을 생활의 나머지로서 취급하기 때문이다. 만약 대부분 기념물들은 고속도로, 쇼핑몰, 무질서하게 확대된 교외들, 사무실 타워, 복합위락건물들이라면, 그것은 생활이 이동, 소비, 자아실현을 위한 탐구, 협동심, 대중매체에 의해 지배되기 때문이다. 우리의 현재 환경들은 글보다 훨씬 더 큰 목소리를 가진다. 그런데 우리의 운명은 우리가 통제하지 않은 설계, 기술, 조직에 의해 결정되어질 것을 그들은 제안한다. 자연에 대한 계속된 파괴는 – 삶에 대한 우리의 유사한 형태들 – 모든 인간 경험을 잘 축소한 것 같은 대학살이다. 그것은 우리가 우리 자신을 위해 설계한 어리석음에 대한 일상의 증거이다.

생태설계는 새로운 유형의 환경에서 구현될 수 있는 새로운 꿈을 반영한다. 이들 꿈은 아마겟돈[164]이 아니며 아르카디아[165]도 아니다. 그것은 자연과 문화, 살아있는 세계와 설계된 세계가 진정으로 연결된 각각 서로 다른 세계의 이미지를 존중하는 세계이다. 우리는 산업혁명과 마찬가지로, 깊이 있게 모두 다 조금씩 생태적 혁명을 이룰 수 있다. 에너지 효율성과 지속가능한 농업으로부터 생태적 하수처리와 생물지역설계에 이르기까지 조각들은 잘 이해된다.

우리는 인간정신과 더 좋은 인간생활세계 둘 다를 부양하는 환경을 창조할 수 있는 총체적 잠재력을 보유하고 있다. 그 일이 우리를 기다린다.

---

164) 역자 주: 세계의 종말이 있을 선과 악의 최후의 결전장.

165) 역자 주: 고대 그리스의 목가적 이상향.

생태설계를 위한 자료 안내

생태설계 분야의 가장 활발하고 혁신적인 조직과 프로젝트의 일부는 다음 쪽에 열거되어 있다. 책들은 참고문헌에 분리되어 열거되었다.

우리는 이 리스트에 부가되는 어떠한 최신 정보와 제안에 대하여 감사할 것이다. 생물지역 정신에서, 우리의 영역인 미국과 캘리포니아 주에 초점을 맞추었지만, 우리는 더 많은 지리적 범위를 가진 통합적인 리스트를 만들고 싶다. 여러분들은 CA 94965, Sausalito, Ten Libertyship Way, Suite 185, 생태설계 연구소에 써서 보낼 수 있다.

새로운 조직인 국제생태설계협회가 생태설계를 위하여 국제협력과 정보센터의 역할을 하고 있다. 정보를 원한다면 P.O. Box 11645, Berkeley, CA 94712; 전화 (510) 869-5015, E-mail: ecodesign@igc.apc.org로 연락하시오. 그 협회는 1996년 봄에 계간지인 *Journal of Ecological Design*을 발행하기 시작할 것이다. 그것은 역시 생태설계에 있어서 혁신적인 교육기회들을 추구하고 있다.

Sim Van der Ryn and Stuart Cowan

Arcata Marsh and Wildlife Sanctuary
Arcata, CA
A marsh that serves as the final step in purifying Arcata's wastewater, as well as a rich bird habitat and delightful recreation spot.

Architects/Designers/Planners for Social Responsibility (ADPSR)
65 Bleecker Street
New York, NY 10012
(212) 924-7893
This wide-ranging group of designers focuses on sustainability as a core concern.

Arcosanti
HC 74, P.O. Box 4136
Mayer, AZ 86333
(520) 632-7135
Paolo Soleri, Architect. A compact intentional community in the Arizona desert consisting of high-density dwellings and dedicated to frugal resource use.

Audubon Building, The
700 Broadway
New York, NY
Croxton Collaborative, Architects. This ecological retrofit of a turn-of-the century office building is well documented in Audubon House, *by the National Audubon Society and the Croxton Collaborative (see Bibliography).*

Boyne River Natural Science School
Shelbourne, Ontario, Canada
(519) 925-3913
Douglas B. Pollard, Architect. An ecology center for the schoolchildren of Toronto, it features excellent passive solar design and a living machine for treating wastewater.

Cathedral of Saint John the Divine
1047 Amsterdam Avenue at 112th Street
New York, NY 10025
(212) 316-7400
Under the leadership of Dean James Morton, the church has undertaken many projects connecting spirituality and the environment.

Center for Agroecology and Sustainable Food Systems
Farm and Garden
University of California, Santa Cruz
1156 High Street
Santa Cruz, CA 95076
(408) 459-4140
Excellent research program on the ecological context of sustainable agriculture.

Center for Maximum Potential Building Systems (Max's Pot)
8604 F.M. 969
Austin, TX 78724
(512) 928-4786
Investigates alternative building materials, the use of local resources, and advanced energy and wastewater systems for buildings.

Center for Regenerative Studies
California State Polytechnic University
3801 West Temple Avenue
Pomona, CA 91768
(909) 468-1705
Now in the first stage of construction, this will eventually be a living and working environment for ninety students, who will try to live self-sufficiently on the campus, growing their own food, monitoring energy use, and so forth.

Center for Resourceful Building Technology
P.O. Box 3866
Missoula, MT 59806
(406) 549-7678
This group does important research on the environmental impacts of building materials and publishes the Guide to Resource Efficient Building Elements (GREBE) *catalog.*

CRATerre-EAG (Centre International de la Construction en Terre École d'Architecture Grenoble)
10 Galerie des Baladins
BP 2636, F-38036
Grenoble Cedex 2, France
33-76-40-66-25
Investigates the use of earth as a building material and works to maintain indigenous building methods worldwide.

Cerro Gordo
c/o Cerro Gordo Town Forum
Dorena Lake, P.O. Box 569
Cottage Grove, OR 97424
(503) 942-7720
An intentional community that is keeping 90 percent of its land in open space and is building houses from wood sustainably harvested on-site.

Cob Cottage Company
P.O. Box 123
Cottage Grove, OR 97424
This small group is reviving the art of building with cob, a straw-clay mixture.

CoHousing Company, The
1250 Addison Street #13
Berkeley, CA 94702
(510) 549-9980
Provides technical assistance to groups interested in cooperative housing, in which several individual dwellings share common living and eating spaces.

Congress of New Urbanism (CNU)
c/o Peter Calthorpe
246 First Street, Suite 400
San Francisco, CA 94105
A group of planners, architects, landscape architects, engineers, developers, and others who are trying to formulate principles for ecological city building and rebuilding, set standards, and share information.

Crowley Sewage Treatment Plant
Crowley, LA
Bill Wolverton, Consulting Biologist; Maders-Miers Engineering, Engineers. Wastewater for this town of eighteen thousand is treated by a wetlands system. Water flows through large ponds, two marshes, and a rock-reed filter before it is safely released in a nearby bayou.

Curitiba
Curitiba, Brazil
Mayor Jaimie Lerner has helped turn Curitiba into a world leader in recycling, public transit, ecological restoration, and green industry.

Design Center for American Urban Landscape
University of Minnesota
College of Architecture and Landscape Architecture
1313 Fifth Street SE, Suite 222
Minneapolis, MN 55414
(612) 627-1850
William Morrish and colleagues work with local citizens on ecological planning projects.

Ecological Design Institute, The
10 Libertyship Way, Suite 185
Sausalito, CA 94965
(415) 332-5806
Provides a comprehensive range of ecological design services, performs research, and creates educational programs.

Ecolonia
Informatiecentrum
Postbus 666
2400 AR Alphen aan den Rijn, The Netherlands
31-046-595-295
A government-sponsored experiment in environmentally sensitive solar housing. The small village features innovative use of materials and high levels of energy efficiency.

Environmental Protection Encouragement Agency (EPEA)
Feldstrasse 36
D-2000 Hamburg 38, Germany
Under the leadership of "green chemist" Michael Braungart, the EPEA does pioneering research on the creation of environmentally safe chemical pathways for products.

Flow City
Marine Transfer Station
West Fifty-ninth Street at the Hudson River
New York, NY
Mierle Ukeles, Artist. This ambitious installation documents the flows of waste in the city of New York.

Gaia Institute
Cathedral of Saint John the Divine
1047 Amsterdam Avenue at 112th Street
New York, NY 10025
A small, innovative group of designers and biologists who undertake visionary ecological restoration projects and develop new ecological technologies.

Green Builder Program
City of Austin
Environment and Conservation Service Department
206 East Ninth Street, Suite 17.102
Austin, TX 78701
A series of checklists and worksheets provided by the city of Austin allows builders to assess the sustainability of their projects.

Haymount
Haymount, VA
Duany-Plater-Zyberk (DPZ), Planners. An innovative new town featuring neo-traditional town-planning guidelines, a constructed wetland, and numerous wildlife areas.

ING Bank
Communications Department
Internal Communications and Publications Section
P.O. Box 1800
1000 BV Amsterdam, The Netherlands
31-020-563-9111
Alberts and Van Huut, Architects. Large-scale bank that uses 90 percent less energy than a conventional building; has advanced daylighting features, remarkable gardens, and

water sculptures; and is considered one of the most user friendly office buildings in the world.

Institute for Local Self-Reliance
2425 Eighteenth Street NW
Washington, DC 20009
(202) 232-4108
Provides assistance to communities interested in becoming more self-sufficient. Has pioneered several exceptional recycling programs.

Intermediate Technology Development Group (ITDG)
103-105 Southampton Row
London WC1 B4H4, United Kingdom
Promotes appropriate technology in the spirit of E. F. Schumacher.

International Ecological Design Society (IEDS)
P.O. Box 11645
Berkeley, CA 94712
(510) 869-5015
A clearinghouse and trade association for ecological design.

International Society for Ecological Economics
P.O. Box 1589
Solomons, MD 20688
A clearinghouse for ecologists and economists seeking common ground. Publishes the Journal of Ecological Economics.

Kalundborg Industrial Ecosystem
Kalundborg, Denmark
A group of industrial facilities that have found ways to effectively link their flows of energy and materials.

Ladakh Project, The
c/o International Society for Ecology and Culture
P.O. Box 9745
Berkeley, CA 94709
(510) 527-3873
Helena Norberg-Hodge is working to preserve traditional patterns of agriculture, building, and settlement in Ladakh, India. The group is also selectively introducing some forms of appropriate technology.

Land Institute, The
2440 East Waterwell Road
Salina, KS 67401
(913) 823-5376
Wes Jackson and colleagues perform innovative research intended to create a sustainable prairie agriculture based on native perennial species.

Laredo Demonstration Blueprint Farm
Laredo, TX
(512) 928-4786
Center for Maximum Potential Building Systems, Principal Designer. The Blueprint Farm demonstrates several ecological technologies, including on-site wastewater treatment and cisterns. It also makes extensive use of recycled and local materials.

Matfield Green
c/o The Land Institute
2440 East Waterwell Road
Salina, KS 67401
(913) 823-5376
An attempt to create a sustainable local economy in the small Kansas town of Matfield Green. The experiment is also a pioneering attempt to perform ecological accounting at the community scale.

Natural Building Network
P.O. Box 1110
Sebastopol, CA 95473
An association of builders, designers, and architects working with natural building materials and energy-efficient design.

Natural Step Foundation, The
Amiralitetshuset, Skeppsholmen
111 49 Stockholm, Sweden
An innovative project that helped hundreds of Sweden's leading scientists reach a consensus on environmental issues. The results have been summarized in a beautiful, illustrated document distributed to every household in Sweden.

O2
Best reached on the Internet at 74241.667@compuserve.com.
A European network of innovative product designers and ecological designers.

Oasis Biocompatible Products
5 San Marcos Trout Club
Santa Barbara, CA 93105
(805) 967-3222
Provides technical information on reclaiming graywater (water from showers and sinks).

Ocean Arks International (OAI)
1 Locust Street
Falmouth, MA 02540
(508) 540-6801
John Todd and associates have built innovative ecological wastewater treatment systems in Providence, Rhode Island; Frederick, Maryland; and other locations.

Pacific Energy Center
Pacific Gas and Electric Company
851 Howard Street
San Francisco, CA 94103
(415) 973-7268
This demonstration center for energy-efficient technologies also provides assistance to architects interested in testing the energy performance of their designs.

PERMACULTURE

Drylands Permaculture Institute
P.O. Box 133
Pearce, AZ 85625

Permaculture Institute, The
P.O. Box 1
Tyalgum NSW 2484, Australia

Permaculture Institute of Northern California, The
P.O. Box 341
Point Reyes Station, CA 94956
(415) 663-9090
An international movement in sustainable agriculture and whole systems design. Offers intensive two-week courses that immerse students in a framework closely related to that of ecological design. The institutes listed are just three of the dozens of permaculture organizations located worldwide.

Real Goods Trading Company Solar Living Center
Hopland, CA
Ecological Design Institute, Architects. A showcase for the Real Goods product line of ecological technologies. The headquarters will be off the grid, generating its own energy, and features innovative landscaping.

Resource Renewal Institute
Fort Mason Center
Building A
San Francisco, CA 94123
(415) 928-3774
A group working toward creating a "green plan," or strategic environmental plan, for the United States. Publicizes existing green plans in Canada, Denmark, the Netherlands, and other countries.

Rocky Mountain Institute (RMI)
1739 Snowmass Creek Road
Snowmass, CO 81654
(303) 927-3128
Steven Conger and the Aspen Design Group, Architects. This institute does excellent research on energy efficiency and energy policy. Their headquarters is a masterpiece of passive solar design.

Schumacher College
The Old Postern
Dartington, Totnes
Devon TQ9 6EA, United Kingdom
Offers short courses by internationally renowned teachers on topics of relevance to ecological design.

SITE (Sculpture In The Environment)
632 Broadway
New York, NY 10012
(212) 254-8300
A group of architects and artists designing buildings and landscapes that fuse structure and nature.

Seeds of Change
P.O. Box 15700
Santa Fe, NM 87506
(505) 983-8956
An organic seed company that specializes in preserving genetic variability and biodiversity. Seeds of Change sponsors an excellent annual conference on "bioneers," people working to regenerate ecosystems and create restorative forms of business.

606 Studio
California State Polytechnic University
3801 West Temple Avenue
Pomona, CA 91768
Under the guidance of John Tillman Lyle, graduate students in landscape architecture tackle complex planning and design problems in this studio.

Society for Ecological Restoration
University of Wisconsin–Madison Arboretum
1207 Seminole Highway
Madison, WI 53711
An international society for those involved in ecological restoration and ecosystem management. Publishes the essential Restoration & Management Notes.

Stensund Wastewater Aquaculture
Stensund Folk College
S-619 00 Trosa, Sweden
46-0156-16490
Bengt Warne, Architect. Features an excellent ecological wastewater treatment facility that is partly run by the students.

Sustainable Seattle
Young Men's Christian Association, Metro Center
909 Fourth Avenue
Seattle, WA 98104
(206) 382-5013
A grassroots group that monitors the health of the Seattle area while promoting and envisioning sustainable alternatives.

University of Virginia School of Architecture
Campbell Hall
Charlottesville, VA 22903
(804) 924-3715
Under the direction of William McDonough, the school is instituting an innovative interdisciplinary program in sustainable design.

Urban Ecology
405 Fourteenth Street, Suite 701
Oakland, CA 94612
(510) 251-6330
Currently working on a major sustainability study of the San Francisco Bay Area. The group publishes a newsletter on ecological cities, The Urban Ecologist.

Urban Habitat
c/o Earth Island Institute
300 Broadway, Suite 28
San Francisco, CA 94133
(415) 788-3666
A project that addresses issues of environmental justice. It publishes the journal Race, Poverty, and the Environment.

Village Homes
Davis, CA
Michael and Judy Corbett, Developers. A beautifully landscaped cluster of solar homes. Features copious fruit trees, surface drainage, and wonderful commons spaces.

West Davis Ponds
Davis, CA
An artfully contoured drainage retention basin. Its miniature islands provide habitat for dozens of bird species.

Whidbey Institute
P.O. Box 529
Clinton, WA 98236
(360) 341-5430
This educational organization bridges environmental and spiritual concerns.

Wildcat Creek
c/o California Natural Resources Foundation
1250 Addison Street #107
Berkeley, CA 94702
(510) 848-2211
Ann Riley has been working on a grassroots effort to restore Wildcat and San Pablo Creeks in North Richmond, California. The design will provide high levels of flood control and numerous recreational amenities.

Wildlands Project, The
P.O. Box 1276
McMinnville, OR 97128
(503) 434-9848
The project is working on a long-term biodiversity recovery plan for North America. It has developed sophisticated land-use maps to document its vision.

Yuba Watershed Institute
17790 Tyler Foote Road
Nevada City, CA 95959
(916) 478-0817
A grassroots forest stewardship project that has made excellent use of geographical information systems (GIS) to jointly manage Bureau of Land Management lands.

참고문헌

Aberley, Doug, ed. *Boundaries of Home: Mapping for Local Empowerment.* Gabriola Island, British Columbia: New Society Publishers, 1993. This informative guide explains the use of community-based mapping techniques for understanding bioregions.

_____, ed. *Futures by Design: The Practice of Ecological Planning.* Gabriola Island, British Columbia: New Society Publishers, 1994. An accessible anthology on ecological planning methods.

Adey, Walter. *Dynamic Aquaria: Building Living Ecosystems.* San Diego: Academic Press, 1991. A wonderful handbook for building aquatic microcosms.

Alexander, Christopher, et al. *A Pattern Language.* New York: Oxford Univ. Press, 1977. This design classic examines the patterns that make for good building at levels of scale ranging from furniture details to cities.

_____. *The Timeless Way of Building.* New York: Oxford Univ. Press, 1979. The themes of *A Pattern Language* are further developed.

_____. *The Nature of Order.* New York: Oxford Univ. Press, forthcoming. An extended meditation on the patterns of wholeness within nature and design.

Allen, T. F. H., and Thomas W. Hoekstra. *Toward a Unified Ecology.* New York: Columbia Univ. Press, 1992. An overview of ecology from a scale-linking perspective.

Altieri, Miguel. *Agroecology: The Scientific Basis of Alternative Agriculture.* Boulder, Colo.: Westview Press, 1987. An integration of traditional farming with contemporary ecological science.

Badiner, Allan Hunt, ed. *Dharma Gaia: A Harvest of Essays in Buddhism and Ecology.* Berkeley: Parallax Press, 1990. Collection of essays linking Buddhist awareness to ecological awareness.

Bateson, Gregory. *Steps to an Ecology of Mind.* New York: Ballantine Books, 1972. An investigation of evolution and the marks it has left on the human mind: the patterns that connect our cognitive and cultural processes to natural processes.

Berry, Thomas. *The Dream of the Earth.* San Francisco: Sierra Club Books, 1990. A beautiful meditation on the role of humans in planetary evolution.

Berry, Wendell. *The Unsettling of America: Culture and Agriculture.* San Francisco: Sierra Club Books, 1977. A farmer, poet, and tireless advocate for appropriate scale examines the transition from family farms to agribusiness.

_____. *The Gift of Good Land: Further Essays Cultural and Agricultural.* San Francisco: North Point Press, 1981. Extraordinary essays on farming and sustainability. Berry's books cannot be recommended highly enough.

Botkin, Daniel B. *Discordant Harmonies: A New Ecology for the Twenty-first Century.* New York: Oxford Univ. Press, 1990. An exploration of complexity and ecology.

Briggs, John. *Fractals: The Patterns of Chaos: Discovering a New Aesthetic of Art, Science, and Nature.* New York: Simon & Schuster, 1992. A lavishly illustrated presentation of the work of artists and scientists taking their inspiration from fractals and chaos theory.

Cajete, Gregory. *Look to the Mountain: An Ecology of Indigenous Education.* Durango, Colo.: Kivaki Press, 1994. An inspired examination of place-based approaches to education.

Calatrava, Santiago. *Dynamic Equilibrium: Recent Projects.* Zurich: Architectural Publishers, 1992. Remarkable designs from an architect-engineer deeply inspired by natural form.

Calthorpe, Peter. *The Next American Metropolis: Ecology, Community, and the American Dream.* New York: Princeton Architectural Press, 1993. A perceptive study of ecologically sensitive approaches to town planning. Clearly and simply presented.

Canfield, Christopher, ed. *Report of the First International Ecological City Conference.* Berkeley: Urban Ecology; Dorena Lake, Ore.: Cerro Gordo Town Forum, 1990. Short summaries of talks given at the conference. Good introduction to ecocities.

Chahroudi, Day. "Buildings as Organisms." In *Soft-Tech,* edited by J. Baldwin and Stewart Brand, 40–5. London: Penguin Books, 1978. Discussion of climate control utilizing three new materials based on natural analogues.

Coates, Gary J., ed. *Resettling America: Energy, Ecology, and Community.* Andover, Mass.: Brick House, 1981. A comprehensive anthology on local self-reliance.

Costanza, Robert, ed. *Ecological Economics: The Science and Management of Sustainability.* New York: Columbia Univ. Press, 1991. One of the better books on the new ecological economics. Presents theory and useful case studies.

Daly, Herman E., and John B. Cobb, Jr. *For the Common Good: Redirecting the Economy Toward Community, the Environment, and a Sustainable Future.* Boston: Beacon Press, 1989. Fundamental ideas on building a sustainable economy responsive to issues of ecology and equity.

Diamond, Irene, and Gloria Feman Orenstein, eds. *Reweaving the World: The Emergence of Ecofeminism.* San Francisco: Sierra Club Books, 1990. An excellent anthology on ecofeminism, which connects ecological and feminist concerns.

Duany, Andres, and Elizabeth Plater-Zyberk. *Towns and Town-Making Principles.* New York: Rizzoli, 1991. An interesting attempt to adapt traditional town-planning principles to the contemporary context.

Eagan, David J., and David W. Orr, eds. "The Campus and Environmental Responsibility," special issue of *New Directions for Higher Education,* no. 77 (spring 1992). A series of case studies on student-led, campuswide environmental audits.

Ecological Design Project, The. *Ecological Design: Inventing the Future.* New York: The Ecological Design Project, 1994. Videocassette. This hour-long video provides a clear overview of ecological design.

Etnier, Carl, and Björn Gutterstam, eds. *Ecological Engineering for Wastewater Treatment.* Gothenburg, Sweden: Bokskogen, 1991. Proceedings from a fruitful Swedish conference on ecological wastewater treatment. Covers a wide range of systems, from living machines to constructed wetlands.

Fathy, Hassan. *Architecture for the Poor: An Experiment in Rural Egypt.* Chicago: Univ. of Chicago Press, 1973. The story of an attempt to build a community with local labor and materials.

Fiedler, Peggy L., and Subodh K. Jain, eds. *Conservation Biology: The Theory and Practice of Nature Conservation, Preservation, and Management.* New York: Chapman & Hall, 1992. A good anthology on methods for preserving biological diversity.

Fisk, Pliny. "Bioregions and Biotechnologies: A New Planning Tool for Stable State Economic Development." Austin: Center for Maximum Potential Building Systems, 1983. This highly recommended report offers a visionary approach to bioregional-level planning.

Forman, R. T. T. *Landscape Ecology.* New York: John Wiley & Sons, 1986. A solid introduction to the field of landscape ecology, which treats human disturbances in the context of ecological processes.

Frosch, Robert A., and Nicholas E. Gallopoulos. "Strategies for Manufacturing." *Scientific American* 261, no. 3 (September 1989). A good early overview of industrial ecology.

Fukuoka, Masanobu. *The One-Straw Revolution*. Emmaus, Pa.: Rodale Press, 1978. Classic approach to organic agriculture.

Gablik, Suzi. *The Reenchantment of Art*. New York: Thames and Hudson, 1991. A discussion of artists who infuse their work with community, ecological, and spiritual dimensions.

Goldsworthy, Andy. *Andy Goldsworthy: A Collaboration with Nature*. New York: Harry N. Abrams, 1990. A visionary artist who works with ice, leaves, rocks, and whatever else is at hand to create ephemeral, biodegradable art.

Gordon, David, ed. *Green Cities: Ecologically Sound Approaches to Urban Spaces*. Montreal: Black Rose, 1990. Compendium of ideas on ecological cities.

Grumbine, R. Edward. *Ghost Bears: Exploring the Biodiversity Crisis*. Washington, D.C.: Island Press, 1992. Biodiversity and land-use issues are highlighted by the example of the endangered grizzly bear.

Hammer, Donald A., ed. *Constructed Wetlands for Wastewater Treatment: Municipal, Industrial, and Agricultural*. Chelsea, Mich.: Lewis, 1989. A valuable encyclopedia of constructed wetlands.

Harrison, Helen Mayer, and Newton Harrison. *The Lagoon Cycle*. Ithaca: Cornell Univ., 1985. Documents an extraordinary, ongoing ecological art project that encompasses everything from ancient water systems in Sri Lanka to new kinds of aquaculture to meditations on reclaiming damaged agricultural lands.

Harte, John, et al. *Toxics A to Z: A Guide to Everyday Pollution Hazards*. Berkeley and Los Angeles: Univ. of California Press, 1991. An clear introduction to toxic substances, including a long reference section on the most common forms.

Hawken, Paul. *The Ecology of Commerce: A Declaration of Sustainability*. New York: HarperCollins, 1993. A regenerative vision of business that outlines a way to properly account for ecological costs within our existing system of commerce.

Hough, Michael. *City Form and Natural Processes: Towards an Urban Vernacular*. New York: Van Nostrand Reinhold, 1984. Examines the prospects for incorporating natural processes in an urban setting.

Hull, Fritz, ed. *Earth & Spirit: The Environmental Dimension of the Spiritual Crisis*. New York: Continuum, 1993. A rich collection of essays connecting ecology and spirituality.

Illich, Ivan. *Tools for Conviviality*. New York: Harper & Row, 1973. A study of the diminishing returns of technological systems beyond a certain scale.

Jackson, Wes. *New Roots for Agriculture.* San Francisco: Friends of the Earth, 1980. An appraisal of the prospects for sustainable agriculture.

_____. *Becoming Native to This Place.* Lexington: Univ. Press of Kentucky, 1994. Thoughts on what it would require for Americans to truly become native to their adopted place.

Jackson, Wes, Wendell Berry, and Bruce Colman, eds. *Meeting the Expectations of the Land: Essays in Sustainable Agriculture and Stewardship.* San Francisco: North Point Press, 1984. A valuable collection of essays on sustainable agriculture.

Jacobs, Jane. *The Economy of Cities.* New York: Random House, 1969. Presents clear arguments for cities that are more self-reliant.

Jantsch, Eric. *The Self-Organizing Universe: Scientific and Human Implications of the Emerging Paradigm of Evolution.* Oxford: Pergamon Press, 1980. An idiosyncratic discussion of self-organization and its social implications.

Johansson, Allan. *Clean Technology.* Boca Raton, Fla.: Lewis, 1992. Clear account of pollution reduction and elimination techniques.

Johansson, Thomas B., et al. *Renewable Energy: Sources for Fuels and Electricity.* Washington, D.C.: Island Press, 1993. An authoritative reference on renewable energy.

Katz, Michael, William P. Marsh, and Gail Gordon Thompson, eds. *Earth's Answer: Explorations of Planetary Culture at the Lindisfarne Conferences.* New York: Harper & Row, 1977. A seminal collection of thoughts about planetary survival.

Kauffman, Stuart A. *Origins of Order: Self-Organization and Selection in Evolution.* Oxford: Oxford Univ. Press, 1993. A demanding study of the deep roots of coevolution and biodiversity. A keystone of the complex systems literature.

Kaza, Stephanie. *The Attentive Heart: Conversations with Trees.* New York: Ballantine Books, 1993. Beautiful meditations on trees, with accompanying woodcuts. Rich and rewarding.

Kemf, Elizabeth, ed. *The Law of the Mother: Protecting Indigenous Peoples in Protected Areas.* San Francisco: Sierra Club Books, 1993. A collection of case studies on the biosphere reserve concept, which attempts to meet the needs of indigenous people while protecting biodiversity.

Kemmis, Daniel. *Community and the Politics of Place.* Norman: Univ. of Oklahoma Press, 1990. A wise book on reviving local economies and town-hall politics written by the mayor of Missoula, Montana.

Ladakh Project, The. *Ecological Steps Towards a Sustainable Future.* Bristol, England: The Ladakh Project, 1991. A progress report on Helena Norberg-Hodge's alternative development project in Ladakh, a region in northern India.

Leopold, Aldo. *A Sand County Almanac.* New York: Oxford Univ. Press, 1948. Eloquent argument for a "land ethic" capable of preserving ecosystems.

Lewin, Roger. *Complexity: Life at the Edge of Chaos.* New York: Macmillan, 1992. An examination of the deep structure of biodiversity as revealed in historical extinction events.

Lovelock, James. *The Ages of Gaia: A Biography of Our Living Earth.* New York: Bantam Books, 1990. An overview of Gaia theory by one of its founders.

Lovins, Amory. *Soft Energy Paths.* New York: Harper & Row, 1977. Foundation of least-cost end-use analysis. Demonstrates conclusively that matching energy production to use results in enormous increases in efficiency.

Lyle, John Tillman. *Design for Human Ecosystems: Landscape, Land Use, and Natural Resources.* New York: Van Nostrand Reinhold, 1985. A thorough study of ecological design at the landscape scale.

_____. *Regenerative Design for Sustainable Development.* New York: John Wiley & Sons, 1994. A compendium of ecological design methods and strategies.

Macy, Joanna. *The World as Lover, the World as Self.* Berkeley: Parallax Press, 1991. A powerful union of Buddhism, deep ecology, and general systems theory.

Mandelbrot, B. B. *The Fractal Geometry of Nature.* New York: W. H. Freeman, 1982. An exploration of fractal geometry, full of clever examples and speculations.

Mander, Jerry. *In the Absence of the Sacred: The Failure of Technology and the Survival of the Indian Nations.* San Francisco: Sierra Club Books, 1991. A search for an ethics of technology.

Margolin, Malcolm. *The Earth Manual: How to Work on Wild Land Without Taming It.* Berkeley: Heyday Books, 1985. A clear and beautiful discussion on land stewardship.

Margulis, Lynn, and Dorion Sagan. *Microcosmos: Four Billion Years of Microbial Evolution.* New York: Simon & Schuster, 1986. A history of life on Earth, emphasizing the role of bacteria in evolution.

Matilsky, Barbara. *Fragile Ecologies: Contemporary Artists' Interpretations and Solutions.* New York: Rizzoli, 1992. Catalog for a traveling exhibit of profoundly inspiring ecological art by artists who are integrating ecological restoration, natural flows, and plants into their work. Truly a primer on making nature visible, it is highly recommended.

Mazria, Edward. *The Passive Solar Home Book.* Emmaus, Pa.: Rodale Press, 1979. A guide to the principles of solar architecture.

McHarg, Ian. *Design with Nature.* Garden City, N.Y.: Natural History Press, 1969. A seminal text on ecological design. Passionate, beautifully illustrated, and clear, it is mainly concerned with the landscape scale.

McKenzie, Dorothy. *Design for the Environment.* New York: Rizzoli, 1991. Presents a wide range of environmentally sensitive design examples, from textile design to product design to villages.

Meadows, Donella, et al. *Beyond the Limits: Confronting Global Collapse and Envisioning a Sustainable Future.* Post Mills, Vt.: Chelsea Green, 1992. A clear diagnosis of the global environmental crisis.

Mitsch, William J., and S. E. Jørgensen, eds. *Ecological Engineering: An Introduction to Ecotechnology.* New York: John Wiley & Sons, 1989. Textbook-level introduction to ecological wastewater treatment and other applications of ecological engineering.

Mollison, Bill. *Permaculture: A Practical Guide for a Sustainable Future.* Washington, D.C.: Island Press, 1990. A comprehensive introduction to designing for self-sufficiency based on the principles of permaculture, or "permanent agriculture."

Morris, David, and Irshad Ahmed. *The Carbohydrate Economy: Making Chemicals and Industrial Materials from Plant Matter.* Washington, D.C.: Institute for Local Self-Reliance, 1992. Examines the possibility of transforming industrial chemicals from a petroleum base to a nontoxic, carbohydrate base.

Mumford, Lewis. *The City in History: Its Origins and Transformations, and Its Prospects.* New York: Harcourt, Brace & World, 1961. The definitive historical and philosophical study of the city.

_____. *The Myth of the Machine.* 2 vols. New York: Harcourt, Brace & World, 1967–70. A masterful and comprehensive study of technology and culture.

Nabhan, Gary Paul. *The Desert Smells Like Rain: A Naturalist in Papago Indian Country.* San Francisco: North Point Press, 1982. An elegant study of traditional Papago agriculture.

_____. *Enduring Seeds: Native American Agriculture and Wild Plant Conservation.* San Francisco: North Point Press, 1989. A rich study of traditional agriculture and the role of seed propagation in preserving biodiversity.

Nabokov, Peter, and Robert Easton. *Native American Architecture.* New York: Oxford Univ. Press, 1989. A beautifully illustrated study of indigenous architecture in North America.

National Academy of Engineering. *Technology and Environment.* Washington, D.C.: National Academy Press, 1989. Good collection of technical articles on an industrial ecology theme.

National Audubon Society and Croxton Collaborative, Architects. *Audubon House: Building the Environmentally Responsible, Energy-Efficient Office.* New York: John Wiley & Sons, 1994. A detailed case study of an ecologically sound renovation in New York City.

National Park Service. *Guiding Principles of Sustainable Design*. Denver: National Park Service, 1993. A clear and practical introduction to sustainable design with special reference to the Park Service's ongoing initiatives.

Nicolis, Gregoire, and Ilya Prigogine. *Exploring Complexity: An Introduction*. New York: W. H. Freeman, 1989. An introduction to complex systems requiring relatively little mathematics.

Nilsen, Richard, ed. *Helping Nature Heal: An Introduction to Environmental Restoration*. Berkeley: Ten Speed Press, 1991. A nontechnical overview of the art of restoration.

Norberg-Hodge, Helena. *Ancient Futures: Learning from Ladakh*. San Francisco: Sierra Club Books, 1991. Profoundly moving study of the debilitating effects of forced modernization in Ladakh, a state in northern India.

Norgaard, Richard. *Development Betrayed: The End of Progress and a Coevolutionary Revisioning of the Future*. New York: Routledge, 1994. A dense study of sustainability's philosophical foundations.

Noss, Reed F., and Allen Y. Cooperrider. *Saving Nature's Legacy: Protecting and Restoring Biodiversity*. Washington, D.C.: Island Press, 1994. Sound strategies for maintaining biological diversity.

Odum, Howard T. *Environment, Power, and Society*. New York: John Wiley & Sons, 1971. A prescient book that has influenced a generation of ecological engineers with its call to work with the self-designing tendencies of ecosystems.

Olkowski, Helga, et al. *The Integral Urban House: Self-Reliant Living in the City*. San Francisco: Sierra Club Books, 1979. A nuts-and-bolts account of a partially self-sufficient house developed in Berkeley during the 1970s.

Orr, David W. *Ecological Literacy: Education and the Transition to a Postmodern World*. Albany: State Univ. of New York Press, 1992. A courageous and challenging vision of an ecological curriculum predicated on place. Indispensable; the pedagogical equivalent of ecological design. Features a wonderful reading list for developing ecological literacy.

Platt, Rutherford H., Rowan A. Rowntree, and Pamela C. Muick, eds. *The Ecological City: Preserving and Restoring Urban Biodiversity*. Amherst: Univ. of Massachusetts Press, 1994. A collection of papers on weaving nature into the urban landscape.

Prigogine, Ilya, and Isabelle Stengers. *Order Out of Chaos: Man's New Dialogue with Nature*. New York: Bantam Books, 1977. Explains limits of conventional thermodynamics; demonstrates that open systems can maintain complex structures far from equilibrium.

Proceedings of the National Academy of Sciences 89, no. 3 (1 February 1992). This special issue devoted to industrial ecology, a collection of papers from an important colloquium, provides an overview of the field.

Roszak, Theodore. *The Voice of the Earth*. New York: Simon & Schuster, 1992. Proposes a new kind of "ecopsychology."

Sachs, Wolfgang. *The Development Dictionary: A Guide to Knowledge as Power.* London: Zed Books, 1992. This series of essay-length definitions of key development terms brilliantly critiques conventional notions of "development."

_____. ed. *Global Ecology: A New Arena of Political Conflict*. London: Zed Books, 1993. A sobering study of the limitations of the current global environmental discourse.

Sale, Kirkpatrick. *Human Scale*. New York: Putnam, 1982. A study of the influence of scale on design and governance.

Schneider, Stephen H., and Penelope J. Boston, eds. *Scientists on Gaia*. Cambridge: MIT Press, 1991. An overview of the science behind Gaia theory.

Schumacher, E. F. *Small Is Beautiful*. New York: Harper & Row, 1973. A deeply sane book about the insanities of economics and a way out. Launched the appropriate-technology movement.

Schwenk, Theodor. *Sensitive Chaos: The Creation of Flowing Forms in Water and Air.* New York: Schoken Books, 1976. Beautifully illustrated study of the dynamics of water and air.

Shiva, Vandana. *Staying Alive: Woman, Ecology and Development*. London: Zed Books, 1988. A devastating discussion of science as power in the context of forest policy in India.

_____. *Monocultures of the Mind: Perspectives on Biodiversity and Biotechnology*. London: Zed Books, 1993. Examines the link between cultural and biological diversity.

Snyder, Gary. *The Practice of the Wild*. San Francisco: North Point Press, 1990. In a series of elegant essays demonstrating the poet's touch, Snyder maps the growth of culture outward from a deep sense of place.

Soule, Judith D., and Jon K. Piper. *Farming in Nature's Image: An Ecological Approach to Agriculture*. Washington, D.C.: Island Press, 1992. An exploration of the Land Institute's attempts to create truly sustainable agriculture by mimicking the structures and functions of healthy ecosystems.

Sprin, Anne Whiston. *The Granite Garden: Urban Nature and Human Design*. New York: Basic Books, 1984. A study of nature in the city.

Thayer, Robert L., Jr. *Gray World, Green Heart: Technology, Nature, and the Sustainable Landscape*. New York: John Wiley & Sons, 1994. A valuable philosophical examination of different attitudes toward technology and landscapes.

Thompson, William Irwin. *Gaia: A New Way of Knowing: Political Implications of the New Biology*. Great Barrington, Mass.: Lindisfarne Press, 1987. Examines the cultural implications of Gaia theory.

_____, ed. *Gaia 2: Emergence: The New Science of Becoming*. Hudson, N.Y.: Lindisfarne Press, 1991. Explores the significance of self-organizing systems.

Tibbs, Hardin. "Industrial Ecology: An Environmental Agenda for Industry." *Whole Earth Review*, no. 77 (winter 1992). Absolutely critical contribution to the emerging paradigm of industrial ecology, which calls for nothing less than the redesign of our industrial system so that pollution is eliminated and materials throughput and energy use are minimized.

Todd, Nancy Jack, and John Todd. *From Eco-Cities to Living Machines: Principles of Ecological Design*. Berkeley: North Atlantic Books, 1994. An eloquent exploration of ecological design principles. Examples include aquaculture, living machines, urban farming, and bioshelters. Essential reading.

Van der Ryn, Sim. *The Toilet Papers*. Sausalito, Calif.: Ecological Design Press, 1995. A detailed discussion of composting toilets.

Van der Ryn, Sim, and Peter Calthorpe. *Sustainable Communities: A New Design Synthesis for Cities, Suburbs, and Towns*. San Francisco: Sierra Club Books, 1991. A collection of essays on ecological design at town and city scales.

Waldrop, M. Mitchell. *Complexity: The Emerging Science at the Edge of Order and Chaos*. New York: Simon & Schuster, 1992. A history of complex-systems research at the Santa Fe Institute.

Wells, Malcolm. *Gentle Architecture*. New York: McGraw-Hill, 1981. A delightful examination of low-impact building techniques.

Wilson, Edward O. *The Diversity of Life*. Cambridge: Harvard Univ. Press, 1992. A passionate account of the emergence of biodiversity on Earth and the prospects for its maintenance.

_____, ed. *Biodiversity*. Washington, D.C.: National Academy Press, 1988. A collection of essays on the theme of biodiversity, with particular emphasis on policy issues.

World Commission on Environment and Development. *Our Common Future*. New York: Oxford Univ. Press, 1987. A key text in the north-south sustainability dialogue.

Worldwatch Institute. *State of the World*. Washington, D.C.: Worldwatch Institute. An annual wrap-up of the latest trends and statistics in environmental issues. Very informative.

Worster, Donald. *The Wealth of Nature: Environmental History and the Ecological Imagination*. New York: Oxford Univ. Press, 1993. Important collection of essays on environmental history and sustainability.

찾아보기

(ㅇ)

(ㅈ)

(ㅊ)

(ㅋ)

(ㅌ)

저자에 관하여

Sim Van der Ryn은 지속가능성을 추구하기 위하여 설계서비스, 교육 그리고 연구를 통합한 비영리단체인 생태설계 연구소의 소장이며 수석 설계가이다. 캘리포니아 버클리대학교 건축학과 명예교수인 그는 1970년대 캘리포니아 주 건축가였으며, Appropriate Technology 주사무실의 책임자였다. 그의 또 다른 저서로는 "지속 가능한 지역사회(Sustainable Communities)(시에라 클럽, 1986)"와 "화장실 보고서(The Toilet Papers)(생태설계 출판사, 재인쇄 1995)"를 포함한다.

Stuart Cowan은 캘리포니아 버클리대학교에서 복합체계로 박사학위를 받았다. 그는 샌프란시스코 만(bay)지역에서 프리랜스 생태설계가이자 작가이다. 그리고 그는 초등학교에서부터 대학교 수준에 이르기까지 지속가능성 커리큘럼 개발을 위한 연구를 수행하고 있다.

역자약력

황보철

서울대학교 조경학과 졸업(농학사)
서울대학교 건축학과 졸업(공학사)
서울대학교 환경대학원 환경조경학과 졸업(조경학 석사: 도시설계 전공)
전북대학교 대학원 조경학과 졸업(조경학 박사)
현재 미국 아리조나 주립대학 세계지속가능성 연구소 연구학자(Post-Doc.)

장병관

서울대학교 조경학과 졸업(농학사)
서울대학교 환경대학원 환경조경학과 졸업(조경학 석사)
서울대학교 환경대학원 환경조경학과 졸업(공학박사)
미국 캘리포니아 UC Davis 연구교수
현재 대구대학교 조경학과 교수